아이와의 소통이 막막한 엄마들을 위한 눈높이 공감 대화법

오늘도 아이와 싸웠습니다

늘, 항상 좋은 엄마는 세상에 없습니다.

엄마 역시 속상한 일이 있어 웃을 수 없을 때가 있거든요.
몸은 아프고 피곤한데 해야 할 일은 산더미라 날카로울 때가 있거든요.
어떻게 아이를 대해야 할지 방법은 모르겠고, 막막한 마음에 아이와 눈을 마주하며 웃어줄 수 없을 때가 있거든요.

하지만 좋은 엄마가 되기 위해, 노력을 멈추지 않는 엄마는 많습니다.
그 중심에 지금 이 책을 펼친 여러분이 있습니다.

스피치 교육 현장에서 만나는 부모님들에게 이런 말을 자주 듣습니다.

"제가 집에서 노력해야 할 건 없나요?"
"저 때문에 그런 걸까요? 제가 아이에게 화를 낼 때가 많거든요."

또 아이들에게 언제 가장 행복한지 물었을 때는 이렇게 대답합니다.

"엄마가 칭찬해줬을 때 행복해요."
"엄마가 제 얘기 들어줄 때 기분이 좋아요."

이 책은 아이와의 소통 때문에 치열하게 고민하는 엄마와,
그 소통을 기다리는 아이의 마음을 모아 만들었습니다.

많은 엄마들의 고민을 들으며 '소통 전문가'인 저희가 제일 많이 했던 대답은
이겁니다.

"지금 하고 계신 것이 맞아요! 단, 한 가지만 바꿔주면 돼요."

바꾸어야 하는 부족한 한 가지는 무엇일까요?
이 질문에 대한 답을 책 속에서 찾을 수 있기를 바랍니다.
물론 하나의 정답만 있는 건 아닙니다.
우리 아이를 사랑하는 마음으로 소통하고자 노력한다면 어느새 자신만의 답을
찾아가고 있을 겁니다.

세상은 아이의 감정을 읽어주며 소통하라고 외쳐댑니다. 그리고 이 시대의 부모들은 아이의 눈높이에서 소통하기 위해 애쓰고 있습니다. 아이와 이야기 나누려고 노력하는 시간도 많을뿐더러 훈육 과정도 과학적입니다.

하지만 부모의 신념과 아이의 모습이 다른 방향을 향할 때, 부모는 누구보다 가까이에서 아이를 힘들게 만드는 적이 되기도 합니다.

아이와 대화하며 마음을 나누고, 아이에게 힘이 되고 싶으신가요?
그 힘은 타인이 아닌 부모 자신에게서 찾아야 합니다. 그리고 내 아이에게서 찾아야 합니다.

자신의 감정을 인지하고, 그것을 상대와 소통하기 위해 말로 표현하는 아이, 자신의 생각을 담아 분명하게 의사표현을 하는 아이. 이런 아이를 향하는 길목에 이 책이 이정표가 될 수 있기를 바랍니다.

그 이정표는 막연하지 않고 제법 친절할 것입니다. 어렵거나 복잡하지 않고 재미있을 것입니다. 일상에서 실천할 수 있는 대화 기법으로 부모와 아이가 마주하도록 도울 것입니다.

막연한 마음으로 책을 펼쳤다면, 다 읽은 후엔 분명한 메시지가 남을 것입니다. 그리고 그 메시지가 여러분이 찾고 있던 부족한 한 가지일 것입니다.

이지은, 서윤다.
우리 두 사람은 복 받은 사람들입니다.

'키즈스피치'라는 말 자체가 생소했던 시절부터 10년이라는 시간이 흐른 지금까지, 만 명에 가까운 아이들을 현장에서 만나고 함께 울고 웃으며 추억을 쌓아가고 있으니까요.
아이들과 소통하는 게 좋아서 행복했던 시간, 그 속에서 답을 찾아보았습니다. 그리고 그 행복의 열쇠를 지금 여러분께 드립니다.

아이와 눈을 마주하며 지금 바로 행복한 대화를 시작하세요.

2020년 1월, 마루지 아이들의 행복한 얼굴을 떠올리며
이지은, 서윤다

[추천사]

아동 가족학 교육과 연구를 통해 '공감'은 지구상에서 인간만이 갖춘 능력이며, 인간을 인간답게 하는 가장 큰 특성임을 절실히 느끼고 있습니다. 최근 세계적인 연구 결과들을 보면 공감 능력이 정서지능, 친사회적 행동, 도덕성, 공격적 행동 억제, 사회적 유능성, 친구 관계의 질 등에 가장 중요한 요인이라 말하고 있습니다.

이러한 공감 능력은 생의 초기부터 아이와 부모의 민감한 상호작용 속에 아름답고 따뜻하게 시작됩니다. 엄마, 아빠, 아이는 까르르 웃고, 울고, 포근히 껴안고, 솔직한 이야기를 주고받으며 함께 성장합니다. 이러한 경험이 차곡차곡 쌓이면서 기쁨과 슬픔을 나눌 수 있는 능력이 생깁니다. 이 공감 능력은 사회가 아무리 급변할지라도 성공과 행복에 한 걸음 다가서게 하는 최고의 경쟁력입니다.

이러한 의미에서 아이에게 공감할 수 있는 대화법과 생활 습관을 다룬『오늘도 아이와 싸웠습니다』는 이 시대의 아이를 키우는 부모님, 또 자신도 성장하고자 하는 부모님께 매우 유익한 책이라 생각됩니다. 특히 아이들이 힘들어하는 상황에 초점을 맞춰 솔루션을 제시하고 있습니다. 쉽지 않은 상황이지만 아이 스스로 정서를 표현하고, 부모님으로부터 정서적 지지를 받으며 성장할 수 있는 길잡이가 될 것입니다. 다시 말해 공감 능력을 키울 수 있는 더할 나위 없는 좋은 기회를 제공합니다.

서로의 마음과 상황을 알아가며 따뜻하고 솔직하게 대화할 수 있도록 구성된 이 책은, 아이의 공감 능력을 높이는 대화법을 제시하는 동시에 부모님의 공감 능력도 함께 성장할 수 있는 좋은 지침서가 될 것이라 확신합니다. 아이와 부모님의 공감 능력이 더 풍성해지고, 나아가 자신과 이웃을 행복으로 이끄는 건강한 미래의 주인공들이 되시기 바랍니다.

– 아동가족학 박사, 연세대학교 생활환경대학원 객원교수 박신진

이 책은 키즈스피치 교육의 스승이라 할 수 있는 그녀들이 교육 현장에서 만난 엄마들의 요청에 내어놓은 응답입니다. 참 다행입니다. 이 책의 검증된 조언 덕분에 우리 자녀에게 정글보다 더 험하다는 세상에서 살아갈 수 있는 칼자루를 쥐여줄 수 있고, 어쩌면 그저 그런 보통의 하루를 빛나고 아름답게 가꿀 수 있는 삽자루를 쥐여줄 수 있기 때문입니다.

내 아이의 주변이 행복해지고, 무엇보다 내 아이가 행복할 수 있는 건 대화를 통한 자존감에서 나온다 해도 과언이 아닙니다. 책의 한 구절처럼 모든 것을 엄마 탓이 아닌 엄마 덕분으로 만들 비법이 이 책 안에 있습니다.

– 키즈스피치 마루지 마포점 원장 구지영

'엄마의 말 한마디에 아이의 자신감이 자란다'

스피치 교육 전문가이기 이전에 엄마로서 너무나 공감하는 말입니다. 엄마의 관점이 아닌 아이의 관점에서 바라보고 아이의 마음에 공감해주는 건 참 어려운 일이지요. 오늘도 저는 아침 등원 길에 만난 친구에게 개미만큼 작은 목소리로 인사하는 제 아이를 보면서 어떤 말을 해주면 좋을지 한참 고민했습니다.

이 책은 스피치 교육을 넘어 지난 10년간 꾸준히 한자리에서, 아이들을 위해 학부모와 함께 고민해온 마루지 부모 교육의 집약일지도 모르겠습니다. 뜨거운 여름날에 갈증을 해소시켜주는 시원한 냉수처럼 너무나 생생하고 명쾌한 솔루션이 반갑게 느껴집니다. 이 책을 펼치는 순간, 부모가 먼저 변하고 아이도 달라질 것입니다.

– 6살 아들 엄마이자, 키즈스피치 마루지 경기남부지부장 천지윤

아이를 키우는 게 처음이라 저 역시 문제가 생길 때마다 어떻게 해결해야 할지 몰라 막막할 때가 많았습니다. 물론 전문가에게 찾아가 도움을 받으면 좋겠지만, 그 역시 쉬운 일은 아니지요. 하지만 이 책으로 집에서도 엄마가 자녀의 행동 특성을 이해하고 아이의 언행을 올바르게 지도할 수 있게 되어 무척 기쁩니다. 특히 아이를 키우는 엄마이면서 아동교육 전문가인 이지은 대표님, 서윤다 이사님의 실제 경험담이 담긴 책이라 더욱 믿음이 갑니다.

많은 육아서가 있지만 이해하기가 어렵거나 실제로 따라 해보기 어려운 책들이 많습니다. 그런데 이 책은 육아 현장에서 실제로 일어나는 일들을 다루고, 부모님들이 따라 하기 쉽게 잘 설명되어 있습니다. 우리 아이를 행복하게! 자존감 높은 아이로 키우는 열쇠를 찾으신다면, 단연코 이 책을 추천합니다.

– 12살 쌍둥이 엄마이자, 키즈스피치 마루지 중계센터 원장 김영숙

아이를 키우면서 누구나 크고 작은 문제들을 겪습니다. 하지만 이 문제를 어떻게 받아들이고 해결할지는 부모님의 선택입니다. 맞닥뜨리는 수많은 상황과 아이마다 다른 성장 속도 때문에 부모님들의 고민이 많으실 텐데요. 또래보다 느린 아이를 '답답한 아이'가 아닌 '신중한 아이'라고 생각할 수 있는 것, 예민한 아이를 '힘든 아이'가 아닌 '감수성이 풍부한 아이'라고 이해할 수 있는 것. 이런 생각의 전환이 필요한 시점입니다.

『오늘도 아이와 싸웠습니다』에서는 우리 자녀를 사랑하는 마음을 담아 올바르게 소통하는 현명한 방법을 제시합니다. 우리 아이의 단점을 장점으로 바라보는 대화법으로 부모는 아이의 잠재력을 발견하는 최고의 멘토가 될 것입니다. 이 책은 우리 자녀들과의 마음을 잇는 스위치가 되어 가정을 환하게 밝힐 것입니다.

– 키즈스피치 마루지 미사센터 원장 진세영

아이를 키우는 엄마로서, 아이들의 자신감과 커뮤니케이션 교육을 해온 교육자로서 엄마들의 참고서가 될 수 있는 핵심적인 내용이 이 한 권에 모두 담겨있다고 생각합니다. 수많은 전문가가 전하는 육아 지식을 듣고 봐왔던 엄마들이라도, 내 아이에게만큼은 적용하기 쉽지 않으셨죠? 너무 먼 이야기 같아서 '나와 내 아이에게는 맞지 않는 것 같다' 생각하며 포기하셨던 어머님들이라면 이 책을 추천합니다.

두려워하지 마시고 이 책의 목차를 한번 훑어보세요. '아, 나의 이야기인데' 혹은 '내 아이의 모습인데'라고 생각되신다면 지금부터 아이와 함께 차근차근 실천해보세요. 아이에게 최고의 선생님은 엄마이며, 이 책이 최고의 지침서가 되어줄 것입니다.

– 키즈스피치 마루지 대전센터 원장 김경옥

"자꾸 아이에게 화를 내게 돼요. 전 엄마 자격이 없나 봐요."
교육 현장에서 자주 듣는 엄마들의 말입니다. 그래서인지 이 책은 제목부터 마음에 와 닿았습니다. 부모의 마음처럼 안 되는 것이 바로 아이와 마주하는 시간입니다. 아이에게 화내려고 시작한 대화가 아닌데…. 오늘도 후회되는 일을 만드셨나요?

사랑하는 내 아이에게 가장 힘이 되고 싶은 엄마이기에 항상 마음이 앞서게 됩니다. 더 멋진 대화를 꿈꾸는 세상 모든 엄마에게 이 책을 권하고 싶습니다. 이지은, 서윤다라는 커뮤니케이션 고수가 실제 만 여명의 아이와 엄마를 만나며 현장에서 익힌 노하우가 담겨 있는 이 책과 함께라면 아이와의 대화가 즐거워질 것입니다.

– 키즈스피치 마루지 일산센터 원장 심휘란

참 이상합니다. 저 역시 현장에서 아이들을 만나기에 엄마들에게 조언은 잘하는데, 막상 내 아이 앞에서는 그동안 배우고 경험한 모든 것들이 하나도 생각이 안 나거든요. 이 복잡 미묘한 문제를 풀기 위해 아이와의 대화를 상황극 형식으로 모두 적어본 적이 있습니다. 우리 모녀의 대화를 객관적으로 바라보니, 저는 우리 아이의 마음에 공감하는 게 아니라 '공감하는 척' 하고 있었음을 깨달았습니다.

아이가 자기 마음을 깨닫고, 설명하고, 상대방의 입장을 이해할 수 있는 시간을 주는 것. 엄마는 기다리는 직업입니다. 오늘도 저처럼 헤매고 있을 육아 동지들에게 이 책을 추천합니다. 난감한 순간들에 대한 모든 해답이 이 책에 있습니다.

– 4살 딸 엄마이자, 키즈스피치 마루지 인천청라센터 원장 박은정

[목 차]

Chapter 3.

**엄마의 말 한마디에
아이의 배려심이
자란다**

엄마 고민 상담소

Chapter 5.

엄마의 말 한마디에 아이의 사회성이 자란다

엄마 고민 상담소

Chapter 1.

[엄마의 말은
아이 마음속에 쌓인다]

오늘도 아이와
싸웠습니다

잠든 아이를 보고 있으니 미안함이 몰려옵니다. 저녁을 먹으면서 반찬을 골고루 먹지 않는다며 소리를 질렀지만, 사실 그렇게 화낼 만큼 아이가 잘못한 건 아니었습니다. 늘 먹지 않던 음식을 하루아침에 맛있게 먹을 수는 없으니까요.

억울하게 눈물 흘리는 아이를 보고 있으니 마음이 먹먹합니다. 얄밉게 말하는 옆집 아이를 나무랄 수 없어 당하고만 있는 우리 아이를 나무랐습니다. 우리 아이의 잘못이 아니었는데 말이죠. 나의 속상한 마음을 참기 어려워서 아이에게 쏟아내고 말았습니다.

이렇게 우리는 오늘도 아이와 싸웁니다.

고집을 부려서,

해야 할 일을 미루고만 있어서,

방학이라 온종일 함께 있다 보니 눈에 거슬리는 게 너무 많아서.

하지만 아이는 자신이 정말 원하는 것을 말하고 있었을지도 모릅니다.

지금 자신이 하고 싶은 일에 몰입한 아이가 엄마가 말하는 '해야 할 일'을 하기 위해서는 시간이 필요했을지도 모릅니다.

눈에 거슬렸던 아이의 행동을 나무랄 게 아니라 올바른 방법을 알려주어 아이가 이해하도록 도와주어야 했을지도 모릅니다.

아이와 대화하는 것은 참 어렵습니다. 이유는 간단합니다. 대화의 중심에 '엄마'가 있기 때문입니다.

진정한 대화란 서로의 생각과 마음을 주고받는 것입니다. 하지만 엄마는 상황이 허락지 않아서, 해야 할 일이 많아서, 시간이 없어서 아이의 말을 진심으로 들어주기가 참 어렵습니다.

설거지를 하며 아이에게 등을 돌린 채 말하지는 않았나요? 어질러진 물건을 제자리에 돌려놓느라 정신없이 움직이며 외치지는 않았나요?

해야 할 말을 앞세우기 전에 아이는 무엇을 하고 있는지, 눈빛은 어디를 향해 있는지 잠시 머물러 관찰해보세요.

블록으로 집을 만들고 있는 아이에게,

"잘 시간이야, 양치하자."

라고 통보하기보다는

"정말 멋진 집이다. 엄마도 살고 싶은 걸. 어머! 그런데 시간을 보니 벌써 잘 시간이 다 되었네. 양치는 언제쯤 할 수 있을 것 같아?"

라고 물어봐주세요.

그럼 아이는 자신이 가능한 시간을 말하며 스스로 행동할 겁니다. 만약 약속을 지키지 않았다고 해도 놀이에 몰입한 아이에게 윽박을 지르기보다는 시간을 알려주며 친절하게 상황을 설명해주세요. 이것이야말로 아이와 일상에서 나누어야 하는 대화입니다.

"오늘 학교에서 뭐 배웠어?"
"친구랑 뭐하고 놀았어?"

라고 물었을 때 대답을 못하거나 머뭇거리는 아이를 답답해하거나 나무라지 말아주세요. 하고 싶은 말을 제대로 정리해서 말하지 못하는 아이에게 왜 똑바로 말을 못하냐고, 알아들을 수가 없다고 주눅 들게 하지도 말아주세요.

대화의 저편에서 답답해하는 엄마들에게 전합니다.
대화 중심에 '아이'를 두는 것부터가 시작입니다.

아이의 눈높이에서 대화하기

뷔페에서 식사했을 때의 일입니다. 한 가족이 들어와 옆 테이블에 앉았습니다. 옆 테이블의 아이는 들뜬 얼굴로 자신이 먹을 건 스스로 고르겠다면서 접시를 들고 나섰습니다. 그런데 자리로 돌아온 아이의 접시에는 쿠키와 빵, 케이크만 잔뜩 담겨있었습니다.

아이의 엄마가 말했습니다.

"넌 여기까지 와서 이런 걸 먹어야겠니? 자리에 앉아있어. 엄마가 갖다줄게."

열심히 음식을 골라온 아이는 엄마의 핀잔에 금세 풀이 죽었습니다. 즐거워 보였던 표정은 온데간데 없었습니다. 이윽고 엄마는 아이가 먹어야 하는 음식들을 접시에 가득 채워 담아왔습니다. 아이가 먹고 싶어서 스스로 담아온 음식에 대해 엄마는 궁금해하지 않았습니다. 그리고 그대로 치워졌습니다.

왜 아이는 디저트만 잔뜩 담아온 걸까요? 아이의 눈높이에서는 오목한 볼에 담긴 음식들이 보이지 않았던 겁니다. 아이의 눈높이에서 보이는 납작한 접시에 담긴 쿠키나 빵만 담아온 것이죠.

어쩌면 여러 가정에서 일어나는 일상적인 모습일지도 모릅니다. 그러나 저는 치워진 접시에 담긴 아이의 마음을 생각해보았습니다. 아이는 자신의 선택이 잘못되었다고, 그래서 엄마에게 인정을 받지 못했다고 느꼈을 겁니다. 단지 보이지 않았던 것뿐인데요.

이제 이것 하나만 기억해주세요.
눈높이를 낮추고 아이의 시선으로 세상을 바라보기.

아이의 눈높이에서 보이지 않는 접시에 담긴 음식들을 하나씩 설명해주세요. 아이의 시선으로, 좀 더 쉽게 이해할 수 있도록 설명해주고, 아이의 선택을 인정해주세요. 또 아이의 말 한마디에 귀를 기울이고, 아이의 행동을 꾸짖지 말고 감정에 공감해주세요.

물론 인내심을 가지고 아이의 속도에 맞추는 것은 쉽지 않을 겁니다. 그게 당연한 걸요. 하지만 '아이의 속도에 맞추겠다'는 마음을 먹은 것만으로도 이미 반을 이룬 것입니다.

그동안 아이를 나무라느라, 혼내느라 바빴던 순간에도 아이의 눈은 엄마만을 향하고 있었습니다. 그 눈을 마주하며 말해주세요.

"엄마아빠도 부모 역할이 처음이라 매일 매일이 어려워. 하지만 보석같이 빛나는 네가 있어 하나씩 깨닫고 배워가고 있어. 내일은 우리 더 기분 좋게 대화해보자."

우리 아이
긍정적으로 바라보기

마음이 조급한 부모의 눈은 옆집 아이를 향하고, 현명한 부모의 눈은 내 아이를 향한다는 말이 있습니다. 아이의 숨은 잠재력을 키울 수 있는 방법은 우리 아이를 온전하게 바라보는 것입니다.

사실 부모의 눈에는 아이의 장점보다 단점이 더욱 크게 보입니다. 그 단점을 고치려고 애를 쓰지요. 그러나 경험해보셨을 겁니다. 아이의 단점은 부모가 노력해도 잘 고쳐지지 않을뿐더러, 자칫하면 아이의 마음을 더 닫아버릴 수 있다는 걸요.

기억하세요. 우리 아이를 옆집 아이와 비교하면 마음이 조급해지고, 부모가 조급해하면 아이는 불안해집니다.

교육 현장에서 만났던 한 아이가 생각납니다. 예의를 중요시하는 아빠는 아이에게 똑바로 인사할 것을 강요했습니다. 머리를 일부러 숙이게 하고, 큰 목소리로 인사하라고 수차례 혼난 아이는 인사뿐만 아니라 기본적인 소통조차 어려워하는 선택적 함구 증상을 보였습니다.

인사를 못하고 머뭇거리는 아이에게 인사를 강요하는 것은 아무런 소용이 없습니다. 왜 인사가 불편한지 아이의 마음을 물어보는 것이 먼저입니다.

아이의 모습이 부모의 기준에 못 미칠 수 있습니다. 이럴 때 우리가 해야 할 것은 아이를 우리의 눈높이로 끌어올리는 것이 아니라, 우리의 눈높이를 아이에게 맞추는 것입니다.

우리 아이가 지금 마라톤을 하고 있다고 생각해보세요. 이 마라톤은 1등, 2등을 정하는 레이스가 아닙니다. 꾸준히 달리는 것이 중요합니다. 달리는 이유를 알고 달리는 아이, 나만의 페이스를 만드는 아이가 중도 포기 없이 끝까지 달릴 수 있습니다. 출발이 빠르다고, 속도가 앞섰다고 행복한 게 아닙니다.

아이마다 재능이 있는 분야는 다릅니다. 아이가 잘하는 것은 당연하게 생각하고, 못하는 것은 크게 확대해서 바라본다면 우리 아이는 항상 부족한 아이가 됩니다. 그러나 우리 아이에게도 분명히 장점은 있습니다. 그리고 약점 또한 장점으로 바꾸는 기회가 될 수 있습니다.

지금부터 우리 아이를 '리프레이밍' 해봅시다. 어떤 사건을 다른 시각으로 바라봐 시각의 틀을 바꾸는 것을 '리프레이밍'이라 합니다. 아이에 대한 부모의 프레임을 깨버리는 겁니다. 약점도 장점으로 바꿔서 바라보면, 우리 아이가 가진 잠재력을 더 크게 끌어올릴 수 있습니다.

프레임 : 우리 아이는 말을 잘 못해요.
리프레이밍 : 우리 아이는 말할 때 신중해요.

'감정 기복이 심한 아이'가 아니라 '감수성이 풍부한 아이'
'거절을 못하는 아이'가 아니라 '상대방의 입장을 존중하는 아이'

'깊게 생각하지 않는 아이'가 아니라 '행동력이 빠르고 직감이 있는 아이'

우리 아이의 모습을 있는 그대로 바라봐주세요. 누구도 흉내 내지 않고, 누구도 부러워하지 않고, 나 스스로를 인정하고 사랑하는 방법을 알려주세요. 느리고 빠른 건 중요한 게 아닙니다.

이제 상호 존중, 상호 신뢰를 바탕으로 아이와 대화할 수 있도록 도와드리겠습니다. 엄마의 감정과 명분, 상황을 앞세운 대화 방식을 지양하고, 아이가 스스로 자신의 마음을 적절하게 표현하며 소통하는 아이로 자랄 수 있도록 이끌어주세요. 엄마의 말이 아이의 자존감을 견고하게 할 수 있으리라는 믿음을 가져야 합니다.

‼️tip 나(부모)와 우리 아이 리프레이밍 하기

〈나(부모) 리프레이밍 하기〉

1. 나의 단점 생각해보기

_____

예) 작은 흐트러짐도 그냥 넘어가지 못한다.

2. 단점을 장점으로 리프레이밍 하기

_____

예) 꼼꼼한 편이라 실수가 적다.

3. 이 장점은 어떤 의미를 가지는지 생각해보기

_____

예) 완벽함을 추구하여 정교한 작업을 잘할 수 있다.

〈우리 아이 리프레이밍 하기〉

1. 아이의 단점 생각해보기

_____

예) 오래 집중하지 못하고 산만하다.

2. 단점을 장점으로 리프레이밍 하기

_____

예) 관심사가 다양하고 호기심이 많은 편이다.

3. 이 장점은 어떤 의미를 가지는지 생각해보기

_____

예) 여러 가지 일을 한 번에 해내는 멀티태스킹이 가능하다.

　부모 자신과 우리 아이를 리프레이밍 해보셨나요? 이렇게 장점 많은 나와 우리 아이의 대화는 앞으로 더욱 기분 좋아질 것입니다. 수평적 구조로 대화해보세요. 지시하지 말고 인정하며 대화해보세요.

　동그라미와 세모, 네모가 서로 누가 더 멋진 도형인지를 겨루고 있습니다. 여기서 누가 더 우세하다는 기준이 절대적인가요? 그렇지 않습니다. 상황에 따라, 쓰임새에 따라 더 나은 것이 있을 뿐입니다. 아이들도 마찬가지입니다. 호기심이 많은 아이를 집안에 가만히 앉혀둘 수 없고, 책을 좋아하는 아이를 늘 놀이터에 내보낼 수 없습니다.

　우리 아이가 가지고 있는 색을 찾아주세요. 그것만으로도 세상의 넓은 도화지를 채울 수 있습니다. 그리고 지지해주세요. 부모인 우리가 경험하지 못한 멋진 세상을 그려나갈 것입니다.

_____

나와 아이의
의사소통 유형은?

　자신의 생각과 의견을 상대방과 교류하며 이야기 나누는 것을 의사소통, 대화라고 합니다. 대화에는 3가지의 구성 요소가 있습니다. '자신', '상대방' 그리고 '상황'입니다. 이 모든 요소를 적절히 고려한다면 대화 자체가 소통의 순기능을 합니다.

　가족상담운동의 선구자이자 가족치료교육의 1인자인 버지니아 사티어는 많은 경우에 이 3가지 요소가 다르게 작용하여 역기능적인 의사소통을 만든다고 말합니다.

　아이와 대화하는 순간, 나의 생각만 강요하지는 않았나요? 또는 아이의 생각만 너무 존중하지는 않았나요? 혹은 상황에만 몰두하느라 아이의 진짜 속마음을 궁금해할 틈이 없었을지도 모릅니다. 사티어의 역기능적 의사소통 4가지를 통해 우리의 의사소통 유형을 파악하고, 아이를 이해해봅시다.

- **회유형**

상대의 의견이 가장 중요시됩니다. 내가 진짜 원하는 것을 생각하기보다 상대에게 맞추어 생각하는 경향이 큰 의사소통 유형입니다. 이 유형이라면 다른 사람을 위하고 배려하는 만큼 나의 내면의 목소리에도 귀를 기울여야 합니다. 아이가 회유형일 경우 상대의 의견만 따라가는 모습이 답답해, 아이를 꾸짖거나 강한 모습으로 변모시키려는 부모들이 많습니다.

- **비난형**

상대의 감정을 생각하지 않고, 자신의 감정과 상황만을 앞세우는 유형입니다. 상대를 강하게 이끌 수는 있으나, 마음을 나누며 대화를 이어가기는 힘듭니다. 자기중심적 리더들의 대표적인 유형입니다.

- **초이성형**

나와 상대의 감정은 배제한 채 상황만을 강조하는 유형입니다. '상황이 그러하니 이렇게 할 수 밖에 없다'는 판단 중심형 소통 유형이라고 할 수 있습니다. 문제를 해결하는 능력은 뛰어나지만 구성원의 진심 어린 공감을 얻기는 어렵습니다. 초이성형인 아이의 경우 공감 능력이 떨어져 보이고, 상황에만 몰입하는 모습이 고집스러워 보일 수 있습니다.

- **산만형**

자신과 상대방, 상황을 모두 고려하지 않는 엉킨 소통 유형입니다. 자신이 진짜 원하는 것을 모를뿐더러 상대를 이해시키기도 어렵습니다.

대부분의 전조작기* 아이들의 경우 이런 모습을 보이는 것이 당연합니다. 자기중심적 사고를 벗어나 타인을 조망하고 상황에 맞춰 조절하는 능력이 필요하기에 이런 소통을 하는 아이들을 나무라기보다는 대화의 3가지 요소를 이해하며 행동할 수 있도록 도와야 합니다.

---

* 전조작기 : 피아제의 인지 발달 이론의 단계 중 하나. 자아 중심적이고 사물의 특정부분에 집중하여 사고하는 미취학 아동기.

우리 아이는 어떤 의사소통 유형인가요?

아이의 유형을 파악했다면 이렇게 말해주세요.

회유형이 아니라 배려형

"남을 배려하는 따뜻한 마음으로 자신을 인정하고 자랑스러워하렴."

비난형이 아니라 목표 추구형

"목표를 이루는 것도 중요하지만 상대의 마음과 입장을 한 번 생각해보는 것이 좋아."

초이성형이 아니라 문제 분석형

"상황에만 몰두하면 많은 것을 놓치게 된단다. 그러니 네 마음과 친구의 마음도 생각하며 더 나은 방법을 한번 찾아봐."

산만형이 아니라 재미 추구형

"네가 그렇게 했던 이유가 있어? 재밌었지만 살짝 당황스럽기도 했어. 앞으로는 행동하기 전에 네 생각을 미리 말해줄 수 있니?"

Chapter 2

엄마의 말 한마디에
아이의 자신감이 자란다

엄마의 이해와 믿음을 바탕으로
아이의 사교성이 자라요

먼저 다가가지 못하고
혼자서 쭈뼛거릴 때

저희 아이는 너무 소심해요. 하루는 아이를 데리고 집 앞 놀이터에 갔어요. 이미 몇몇 친구들이 모여 있더라고요. 같은 아파트에 사는 이웃이기도 하고, 저희 애와 나이대도 비슷해보여서 "친구들이네? 수정이도 같이 놀자고 말해봐."라고 말했어요. 아이가 친구들에게 다가가는가 싶더니 그냥 멀리서 흘끗 쳐다보기만 하더라고요. 그러고 있으니 한 친구가 먼저 저희 아이에게 "같이 놀래?"라고 말을 걸었어요. 그런데 아이는 머뭇거리기만 하다가 금세 저한테 달려오더라고요. 속상한 마음에 "너는 왜 이렇게 숫기가 없니?" 하고 핀잔을 주고 말았어요. 이렇게 소심해서 앞으로 세상을 어떻게 살아갈까 싶고, 대인 관계에도 문제가 생길까 봐 걱정이에요.

"아이가 좀 야무지고, 씩씩하고, 사교성이 좋았으면 좋겠어요."

교육 현장에서 만나는 엄마들에게 자주 듣는 말입니다. 물론 저 역시 한 아이의 엄마로서 이런 바람이 있답니다. 그런데 '우리 아이가 이런 아이였으면' 하는 '기대'

가 어느새 '기준'이 되고, 그 기준에 아이를 끼워 맞추려는 스스로를 발견합니다. 때로는 내향적인 아이에게 "좀 더 씩씩하게 해봐!"라고 말하며 활기찬 모습을 무턱대고 강요하기도 합니다. 엄마는 아이의 좋은 점보다 부족한 점이 더 크게 보입니다. 그래서 '강요하지 말아야지'라고 생각하며 노력하다가도 어느 순간 푸념 섞인 말을 아이에게 쏟아버리곤 합니다.

아이들의 기질은 모두 제각각입니다. 엄마가 외향적이라면 말 한마디 못 붙이는 내향적인 아이가 답답할 수 있겠죠. 그러나 이런 기질을 이해해주지 못한다면 아이는 엄마의 말 한마디에 좌절하며 도전 자체를 회피할 수 있습니다. 어른의 시선으로만 아이를 바라보며 대화한다면 의사소통 자체가 순기능을 할 수 없음을 기억해야 합니다. 나의 답답한 마음은 잠시 내려놓고 '아이는 어떤 마음이었을까?', '아이가 선뜻 다가갈 수 없었던 이유는 무엇일까?'를 고려해야 합니다.

이제 우리 아이를 리프레이밍 해봅시다. '우리 아이는 왜 이렇게 내향적이고 소심할까?' 하는 걱정을 '우리 아이는 생각이 많고 신중하구나' 하는 이해로 바꿔보세요. 이런 이해와 믿음이 바탕이 되어야 조바심 내지 않고 아이의 속도에 맞춰 도움을 줄 수 있습니다.

왜 다가가지 못하는 걸까요?

• 낯선 장소가 불편한 경우

장소에 대해 예민한 아이라면 새로운 장소와 환경에서 오는 불안감 때문에 편안한 관계 형성이 어렵습니다. 이럴 경우 아이가 가장 편안하게 느끼는 장소에서부터 친구들과 관계를 맺을 수 있게 도와주는 것이 좋습니다.

• 앞으로 펼쳐질 불편한 상황이 두려운 경우

'친구가 나랑 안 놀아주면 어떡하지?', '나를 싫어한다고 할지도 몰라' 하고 미리 갈등을 예상하는 아이들은 먼저 다가가서 대화를 시작하기 어렵습니다. 또는 이전에 친구들에게 거절이나 외면을 당했던 경험이 있다면 다가가는 것에 두려움이 생겼을 수 있습니다.

• 또래와 관심사가 다른 경우

친구들은 만화 캐릭터에 관심이 있는데, 우리 아이는 우주에 관심이 있을 수 있습니다. 우주에 대해 이야기하고 싶은데 친구들이 관심을 가져주지 않으면 거절당하고 소외 받는 느낌이 듭니다. 이런 상황이 반복되면 스스로 고립을 선택하는 아이들이 많습니다. '나는 혼자 노는 게 좋아'라고 생각하며 책 읽기에만 몰두하는 경우도 있습니다.

아이의 사교성, 어떻게 키워줄까요?

• 집으로 아이의 친구들 초대하기

불편하다고 친구들과 관계 맺는 것을 계속 피하면 점점 더 두려움이 커지고, 건강한 대인 관계를 배울 수 없습니다. 그럴 땐 아이의 친구를 집으로 초대합니다. 어른과 마찬가지로 '우리 집'이라는 공간은 아이에게 그 어느 곳보다 편한 장소입니다. 편한 장소에 있으면 심리적으로 안정되고, 주변에 신경쓰고 눈치 볼 것이 없으니 온전히 친구에게 집중할 수 있습니다.

물론 아이에게 아무런 말도 없이 엄마 마음대로 무턱대고 초대하는 것은 좋지 않습니다. 친구를 초대하는 계획부터 아이와 함께 세워봅니다. '누구를', '언제' 초대하여 '무엇을' 하면서 놀고 싶은지 구체적인 계획을 아이와 함께 정합니다.

이때 전혀 친하지 않은 친구보다는 익숙한 친구, 두려움이 많은 우리 아이를 부드럽고 친절하게 대해주는 친구를 초대하는 것이 좋습니다. 먼저 1명부터 시작해서 점차 2명, 3명으로 늘려가며 아이가 천천히 마음을 열도록 도와주는 겁니다. 자신이 예상한 만큼, 또 계획하고 준비한 만큼 아이는 자신감 있는 모습을 보여줄 겁니다.

• 협동할 수 있는 놀이 제안하기

사실 초대 받은 친구들 역시 새로운 공간에 익숙해지려면 시간이 걸립니다. 따라서 놀이 초반에는 각자 몰두한 영역이 다를 수 있고, 따로 노는 듯한 모습이 보일 수 있습니다. 이는 당연한 과정이니 조바심을 내지 않아도 괜찮습니다. 1차 놀이를 어느 정도 경험하고 나서 다른 놀이를 탐색할 쯤엔 어른들의 도움이 필요합니다.

이때 같은 목표를 가지고 협동할 수 있는 놀이를 제안합니다. 아이의 장난감 중에는 혼자 가지고 놀 수 있는 것이 있고, 친구와 힘을 합쳐서 놀 수 있는 것도 있습니다. 혹은 소통이 필요한 놀이도 있죠. 이런 놀이를 선택하면 놀면서 자연스럽게 소통을 배울 수 있습니다. 타인과 같은 목표를 가지고 협력하는 경험을 한 아이는 자존감이 높아지고 협동심도 배울 수 있습니다. 이렇게 긍정적인 경험이 쌓여 아이의 사교성이 점점 자라날 것입니다.

• 한 걸음 물러나서 지켜보기

아이를 조금 더 믿어주세요. 엄마의 지나친 개입은 오히려 독이 됩니다. 친구들 사이에서 바로 대답하거나 행동하지 못하는 아이가 답답하더라도 조금만 인내하며 기다려주세요.

"친구가 부르잖니."
"친구가 이렇게 하고 있으니 너도 이렇게 해봐."

이런 식으로 엄마가 계속 아이의 말과 행동을 대신하다보면 아이는 스스로 행동할 수 있는 힘을 점점 잃어버립니다. 아이를 기다려주지 못했던 그 잠깐의 순간이, 아이에게는 마음속으로 무슨 말을 할지 생각하고 막 말하려던 찰나였을 수 있습니다. 엄마의 조급함이 아이의 말할 타이밍을 뺏을 수 있다는 것을 기억하세요.

분명 모든 순간이 성공적이지만은 않을 겁니다. 예상대로 되지 않을 때가 있으며, 내 뜻과 친구의 뜻이 달라서 친구와 나의 마음을 맞춰야 즐겁게 놀 수 있음을 알아가는 것도 모두 필요한 경험이 아닐까요?

'저렇게 하면 안 되는데' 하는 조바심을 내려놓고, 아이를 믿고 기다려주며 최소한으로 개입하는 것이 중요합니다. '모든 건 엄마 탓이 아니라, 모든 건 엄마 덕분이다'라는 말은 멀리 있지 않습니다.

무서운 걸 무섭다고 말할 수 있는
용기가 아이 마음을 편하게 만들어요

사소한 것에도
무서워할 때

초등학교 1학년 딸아이를 둔 엄마입니다. 우리 아이는 정말 겁이 많아요. "무서워서 못해.", "무서워서 안 돼." 무섭다는 말을 아주 달고 살아요. 아직 어리니까 귀신이나 벌레 같은 건 무서워할 수 있다고 해도, 별로 무섭거나 위험해보이지 않는 것에도 지레 겁을 먹고 시도조차 하지 않으려 하니 걱정입니다. 겁을 좀 없앨 수 있을까 싶어 태권도 학원에도 보내봤지만 소용이 없었어요. 태권도 학원도 무섭다고 안가고 버터서 결국 그만두었답니다. 이렇게 겁이 많다보니 또래 활동에서도 혼자 남겨지는 경우가 많아요. 친구들이 우르르 미끄럼틀을 타러 갈 때도 가만히 서서 바라보기만 합니다. 요즘은 여자 친구들도 당차게 놀던데 이러다 우리 아이만 뒤처지지는 않을까 걱정입니다.

교육 현장에서 만난 아이들을 떠올려보면, 스스로 무서움을 감추려 하거나 혹은 다른 친구가 무서워하는 모습을 놀리는 아이들을 종종 봅니다. 마치 무서움은 없어야 되는 것처럼 말이죠. 하지만 겉으로 보기엔 씩씩해 보이는 사람이더라도 무섭고 두려운 것 하나쯤은 있습니다. 저는 어렸을 때 벌레를 무서워했었는데요. 지금은 아이를 낳고 키우다 보니 직접 벌레를 잡아야 하는 일도 생기고, '내가 벌레를 무서워한 적이 있었나' 싶을 정도로 두려움이 많이 사라졌습니다. 물론 여전히 무서운 것도 있습니다. 지금도 높은 곳에 있는 놀이기구만 보면 손에 땀이 나고 심장이 쿵쿵 울리는데요. 이렇게 사람마다 무서움의 종류나 강도가 모두 다릅니다. 또 무서움을 극복하기도 하지만 살아가면서 새롭게 생기기도 합니다.

왜 이렇게 무서운 것이 많은 걸까요?

• 오감이 예민한 경우

거의 모든 것에 두려움과 불안을 느낀다면 오감이 예민한 것일 수 있습니다. 시각, 청각, 후각, 촉각, 미각이 다른 아이들보다 예민해서 처음 경험하는 환경이 더 큰 강도로 다가오기 때문입니다. 강아지가 '멍멍' 짖는 소리도 사람에 따라 더 크게 느껴지고 깜짝 놀라는 경우가 있습니다. 아이가 이런 기질을 가지고 있다면 '우리 아이는 오감이 예민하다'는 것을 인지하고 있어야 합니다. 무엇이든 처음 접하는 것은 적응하는 데 오래 걸릴 테니까요. 마음에 여유를 가지고 아이를 지켜보고 기다려 주는 것이 좋습니다.

• 양육 과정에서 제지를 많이 당한 경우

"그건 위험해!", "그러다 다쳐!" 등 아이가 무언가를 시도할 때마다 이런 말들로 제지하지는 않았나요? 그러면 아이는 주변의 많은 것들을 위험하고 무서운 것이라고 인식하게 됩니다. 정말 위험한 상황이라면 당연히 막아야 하겠지만, 아이가 호기심을 채울 수 있는 기회도 필요하다는 것을 잊지 마시길 바랍니다.

겁이 많은 아이, 어떻게 도와줄 수 있을까요?

• 평정심을 유지하기

아이가 무서워할 때 같이 무서워해서는 안 됩니다. 장난삼아 무서운 척하는 것도 말이죠. 아이가 겁을 먹었을 때 엄마까지 무섭다는 반응을 보이면 아이 마음속에 감정 동요가 크게 일어나고, 더욱 두려워할 수 있습니다. 따라서 엄마가 평정심을 유지하는 것이 정말 중요합니다. 엄마의 안정이 아이의 안정도 되찾아 줍니다.

그런데 여기서 평정심을 유지하라는 말은 "엄마는 안 무서운데!", "너는 대체 왜 이런 걸 무서워하니?"처럼 아이의 감정을 부정하라는 뜻이 아닙니다.

"그래, 무서웠구나! 아직은 무서울 수 있어. 엄마랑 조금씩 노력해보자! 그럼 엄마처럼 미끄럼틀을 좋아하게 될 거야."라고 아이의 감정에 공감하며 든든한 모습을 보여주세요. 아이가 무서워하고 있는 상황을 부정하거나, 이해할 수 없다는 식의 반응은 아이의 마음을 더 굳게 닫을 뿐입니다. 용기를 낼 수 있는 만큼만 차근차근 도전하도록 도와주세요.

"그게 뭐가 무서워! 별거 아니야."

→ "미끄럼틀을 타는 게 겁나는구나. 엄마도 미끄럼틀 무서워했었는데! 이번엔 엄마랑 같이 타볼까?"

• 차근차근 두려움의 벽을 허물도록 도와주기

두려움은 종종 '이렇게 되진 않을까?' 하는 상상에서 비롯되기도 합니다. 따라서 직접 확인하며 '괜찮다'고 느끼는 것도 중요한 과정입니다. 두려움의 실체를 확인시킬 때는 반드시 한 단계씩 천천히 진행해야 합니다. 갑자기 무서운 상황을 이겨내라고 밀어붙인다면 아이에게 트라우마로 남을 수 있기 때문입니다. 양육에서 한 번에 성공은 없다는 것을 기억하셔야 합니다.

> 아이를 억지로 미끄럼틀에 태운다.
>
> → 아이에게 엄마가 직접 미끄럼틀 타는 것을 보여주거나 다른 친구들이 미끄럼틀 타는 것을 함께 본 후, 미끄럼틀에 대한 긍정적인 이야기를 해준다. 그 다음 아이에게 함께 타보자고 제안한다.

• 아이 스스로 자신의 두려운 마음을 표현할 수 있도록 지지하기

무언가를 무서워하는 것은 결코 잘못된 행동이 아닙니다. "나는 거북이가 무서워.", "나는 미끄럼틀 타는 것이 무서워."라고 당당하게 말할 수 있도록 옆에서 힘이 되어주세요.

"나는 다 할 수 있어.", "나는 아무것도 무서운 게 없어."라고 말하는 게 씩씩한 것이 아닙니다. "나는 이것을 무서워해."라고 인정하고 다른 사람에게 표현할 수 있는 것이 건강하고 용감한 마음입니다. 아이가 자신의 마음을 씩씩하게 표현하기 위해서는 엄마의 지지와 응원이 꼭 필요합니다.

> "애가 겁이 많아서 이런 걸 잘 못해요."
>
> → "누구나 무서워하는 것이 있어! 무서운 게 있다는 건 당연한 거니까 편하게 사람들에게 말해도 괜찮아. 엄마는 귀신이 무서운걸."

아이 스스로 무섭다고 인정하고 나면 무서운 마음을 숨기거나, 부끄러워하지 않아도 되니 마음이 한결 편해집니다. 또 이렇게 마음이 안정되면 '그럼 이 정도는 한번 해볼까?' 하고 새로운 도전을 할 수 있는 용기가 생기기도 합니다. '안정' 속에서 의미있는 '발전'이 있다는 것, 잊지 마세요.

스스로 해내는 경험으로
도전 정신이 자라요

시작하기도 전에
"난 못해!"라고 말할 때

> 저희 아이는 요즘 "난 못해."라는 말을 입에 달고 살아요. 원래 활발한 성격은 아니었지만 그래도 본인이 할 말은 하고, 시키는 것도 곧잘 하는 편이었어요. 그런데 언제부터인가 해보기도 전에 무조건 못하겠다고 말하더라고요. 새롭게 배우는 것뿐만 아니라, 심지어 평소에 잘하던 것조차도 못하겠대요. 아이의 "난 못해."라는 말을 들을 때마다 힘이 쭉 빠지는 것 같아요. "엄마는 네가 잘하기를 바라는 것이 아니다."라고 아무리 말해주어도 나아지는 것 같지 않습니다. 뭐든지 시작하기도 전에 풀이 죽은 아이를 보면 마음도 아파요. 어떻게 하면 좋을까요?

아이가 시작도 전에 "난 못해!"라고 말하면 안쓰럽기도 하다가, 때로는 답답해서 화가 나기도 합니다. 교육 현장에 있다보면 생각보다 많은 아이들에게서 "난 못해요."라는 말을 듣습니다. 타고난 기질적인 면에서 보면 조심성이 많은 아이, 잘하는 것만 하고 싶은 아이, 완벽해야 만족하는 아이가 이런 모습을 많이 보입니다. 혹은 양육 과정에서 무언가를 실패했을 때 적절하게 극복해보지 못했거나, 양육자가 아이에게 늘 완벽함을 요구했다면 잘해야 한다는 부담감 때문에 시작하기도 전에 포기할 수 있습니다.

도전 정신을 키워주려면
어떻게 해야 할까요?

• 아이의 감정에 공감하기

"이게 어렵게 느껴지는구나? 그럴 수 있어.", "너만 어려운 게 아니라 많은 사람들이 어려워해, 엄마도 어려웠는걸."이라고 공감하며 위축된 아이를 다독여주세요. "이게 뭐가 어려워!", "그냥 하면 돼!"라는 말은 아이에게 더 큰 좌절감을 줄 수 있습니다. 아이가 힘들어한다면 '충분히 어려워할 수 있다'고 말해주는 게 좋습니다.

그렇다고 "이거 어렵지? 그러니 엄마가 해줄게!"라고 직접 문제를 해결해주는 것은 옳지 않습니다. 아이가 시도할 수 있는 일에 엄마가 자꾸 관여하면 아이는 점점 더 의존적으로 변합니다. 나중에는 "엄마가 늘 해줬잖아. 엄마가 또 해줘."라는 말을 들을 수 있습니다.

또는 아이가 기죽을까봐 "그래, 어려우니까 하지 말자. 이거 어차피 다 못해!"라며 포기를 종용하는 것도 옳지 않습니다. 이런 식으로 대처하면 아이는 '아, 나는 정말 못하는구나. 나는 노력해도 안 돼.'라고 생각하며 점점 더 도전하는 것을 두려워합니다.

"이게 뭐가 어려워?"

"너무 어렵지? 엄마가 해줄게."

"그래! 어려우니까 하지 말자."

→ "맞아, 어려울 수 있어. 엄마도 어려웠었어."

• 코치가 아니라 조언자가 되기

"이렇게 해봐. 아니 그게 아니지. 자, 이렇게 해야지."

엄마가 아는 방법을 아이에게 알려 주려다보면 어느새 코치가 되어있는 스스로를 발견할 겁니다. 아이에게 필요한 건 하나부터 열까지 정답을 알려 주고, 바로바로 피드백하는 코치가 아닙니다. "엄마라면 이렇게 했을 것 같아." 혹은 "엄마는 이렇게 했더니 이렇게 되었어."처럼 엄마의 경험과 생각을 들려주고 아이가 스스로 해보도록 기다려주세요.

"자, 수영을 하려면 우선 몸에 힘을 빼! 힘을 빼면 절대 가라앉지 않아."

→ "맞아, 물이 무서울 수 있지. 엄마도 그랬었어. 엄마는 물을 안 무서워하고
　싶어서 오히려 자꾸자꾸 물에 들어갔더니 점점 물이 편하게 느껴지더라!"

• 아이가 방법을 물어볼 때는 구체적으로 알려 주기

아이가 어떤 일을 시도하다가 어떻게 해야 할지 방법을 물어보았다면 "스스로 해봐!", "그냥 대충 하면 돼!"라고 하지 말고 "이렇게 하면 좋겠다."처럼 구체적인 방안을 제시해주어야 합니다. 아이는 지금 엄마의 말을 들을 준비가 되었고, 직접적인 도움을 요청했으니까요.

물론 이때도 엄마가 직접 나서서 대신 해주는 것은 옳지 않습니다. 구체적인 말로 방법을 설명해주거나, 예시를 들어 행동으로 보여줍니다. 그리고 아이 스스로 해보도록 응원해주는 것이 좋습니다.

> **엄마** : 마루야, 우리 별모양 종이접기 할까?
> **아이** : 싫어요. 저는 종이접기 잘 못해요.
> **엄마** : 맞아, 별모양 종이접기가 생각보다 어렵지? 엄마도 한 번에 성공하지
> 　　　　 못했었다? 그래서 여러 번 연습했더니 이제 예쁜 별을 접을 수 있어!
> **아이** : 그럼 엄마가 다 접어주세요.
> **엄마** : 음, 물론 엄마가 접어줄 수도 있지만 마루랑 같이 접으면 더 재미있을
> 　　　　 것 같은데? 같이 별을 접어서 창문에 장식하자!
> **아이** : 그럼 세모 접는 것 좀 도와주세요. 세모 접는 게 너무 어려워요.
> **엄마** : 그렇구나! 엄마가 옆에서 보여줄게. 한번 따라 해볼래?

　아이가 질문할 때는 스스로 집중할 준비가 되었다는 뜻입니다. 방법을 알려 주었다면 직접 시도하도록 기다리는 것이 무엇보다 중요합니다. '빨리'보다는 느리더라도 '스스로' 해내는 경험이 아이를 성장시킬 수 있습니다.

건강한 관계를 위해서
거절하는 법을 알려주세요

친구들에게 이리저리
끌려 다닐 때

> 이제 막 초등학교 3학년이 된 여자아이를 키우고 있습니다. 우리 아이가 친구 관계에서 이리저리 끌려 다니는 것 같아요. 약속 장소, 시간을 정하는 것부터 시작해서, 만나서 노는 것을 보면 본인 의견은 없이 친구들 의견만 따르더라고요. 처음에는 다른 사람의 의견을 잘 존중해주는 줄 알았는데, 먹기 싫은 음식도 억지로 먹고, 좋아하지 않는 놀이나 행동도 억지로 하는 것 같습니다. 끌려만 다니는 아이를 계속 보고 있자니 너무 분통이 터지는 기분이에요. 어떻게 하면 좋을까요?

서점의 자기 계발 코너에는 거절에 관련된 책이 수두룩합니다. 거절 잘하는 00가지 기술부터, 웃으며 거절하기, 죄책감 없이 거절하기, 심지어 거절 당하는 방법을 다루는 책도 있습니다. 어른들에게도 거절은 이렇게나 어렵습니다.

그런데 아이에게는 어떻게 가르쳐주고 있나요? '거절하면 친구가 나를 싫어할지도 몰라'라고 고민하는 아이에게 "그냥 싫다고 말하면 되지."라며 말만 쉬운 해결책을 제시하지는 않았나요?

하기 싫은 것까지 억지로 하는 아이를 보고 있으면 참 답답합니다. 나의 어린 시절을 보는 것 같아 속상하기도 하고, 누굴 닮아 이렇게 우유부단한 건지 내가 낳았지만 이해하기 어려울 때도 있습니다. 하지만 사실 가장 힘든 사람은 우리 아이일 것입니다. 하기 싫은 것을 억지로 하면서 불만을 표출하지 않으니 아이 마음속에는 답답함이 쌓입니다. 물론 친구들에게 양보와 배려하는 마음도 필요하지만, 싫은 것은 싫다고 말할 수 있어야 건강한 관계입니다. 특히 누군가가 아이에게 말이나 행동으로 폭력을 행사할 때는 아무리 장난이라고 하더라도 단호하게 거절해야 합니다. 아이의 눈높이에서 거절하는 방법을 알려주고, 함께 연습해보세요.

거절 못하는 아이, 어떻게 도와줄까요?

• 절대적인 공감과 지지하기

엄마가 아이의 마음을 이해하고 있고, 또 언제나 아이의 편이라는 것을 알려줍니다. 곰곰이 생각해보면 우리의 어린 시절 또한 친구 관계는 정말 중요했습니다. 친구의 말 한마디에 울고 웃었던 경험 다들 있으시죠? 그때를 떠올리며 "엄마도 같은 고민을 했었어."라고 말해주세요. 아이는 '엄마도 나랑 같은 상황을 겪었구나' 생각하며 마음을 열고 엄마가 제안하는 적절한 방법을 들을 수 있습니다.

이때 "너는 왜 싫다고 말을 못하니?", "얘, 그거 하나 거절한다고 큰일 안나!" 등의 나무라는 반응은 피해야 합니다. '내가 부족해서 거절도 못하는구나' 하고 비관하는 마음이 커질 수 있기 때문입니다. 방법을 알려주고자 시작한 소통이 오히려 아이의 자존감을 떨어뜨려서는 안 되겠죠?

"왜 싫다고 말도 못하니?"

"그거 하나 거절한다고 큰일 안나!"

→"엄마도 예전에 거절하지 못해서 고민한 적이 있었어."

• "거절해도 괜찮아"라고 말해주기

주변의 시선과 반응을 신경쓰는 아이들은 '거절'의 개념 자체를 부정적으로 인식하고 있을 수 있습니다. 친구에게 거절하는 것은 잘못된 행동이며, 친구가 자신을 싫어하게 될 거라는 막연한 걱정도 듭니다.

그런 아이에게 거절은 그저 내가 할 수 있는 수많은 말 중에 하나임을 알려주세요. 아이가 이해할 수 있도록 여러 가지 예시를 들어가며 거절은 나쁜 것이 아니라 꼭 필요한 것이라고 지속적으로 말해주는 것이 좋습니다. '거절' 자체가 나쁜 행동이라고 생각해서 거절하는 것을 두려워했던 아이에게 꼭 필요한 말은 "거절해도 괜찮아."입니다.

"거절해도 괜찮아."

"거절은 나쁘지 않아."

"네가 무조건 참다보면 친구는 너의 마음을 알 수가 없어."

"친구가 나중에 너의 마음을 알게 되면 더 속상할 거야."

• 4단계 거절법 알려주기

거절은 딱딱한 말투와 표정으로 해야 한다고 생각하는 아이들이 있습니다. 하지만 모든 아이들이 "싫어, 난 안할래!"라고 단호하게 말할 수 있는 건 아닙니다. 그러니 아이 성향에 맞는 다양한 거절법을 연습해보며 우리 아이만의 거절 표현을 찾아보도록 합시다.

"안 돼.", "싫어." 이런 단답식의 거절은 거절하는 아이도, 거절당하는 친구에게도 마음의 부담이나 상처가 될 수 있습니다. 이때 거절은 하되 자신의 상황과 마음을 표현하는 말을 추가하면 훨씬 부드럽게 들립니다. 거절은 '사과하는 말', '거절하는 이유', '거절하는 말', '대안'으로 나누어 볼 수 있는데요. 꼭 이 네 가지가 모두 들어가야 할 필요는 없습니다.

예를 들어 볼까요? 친구가 우리 아이에게 장난감을 빌려달라고 합니다. 그런데 우리 아이는 장난감을 빌려주고 싶지 않습니다. 지난번에 친구에게 장난감을 빌려주었다가 망가진 일이 있었기 때문입니다. 이 상황에서 뭐라고 거절할 수 있을까요?

> "미안하지만, 이건 내가 아끼는 장난감이라서 빌려줄 수는 없어. 대신 우리
> 집에 놀러왔을 때 가지고 놀 수 있게 해줄게."

거절의 의사를 밝힌 후 가능한 대안을 제시하면 아이는 거절한다는 마음의 부담을 조금 덜 수 있고, 거절당하는 친구도 아이의 마음을 들을 수 있어 납득하기가 쉬워집니다.

또 다른 거절법도 있습니다. 위트 있게 유머를 더해 거절하는 방법인데요.

> "내가 신이라면 그렇게 해줄게. 나를 신으로 변신시켜봐."
> "그거 내가 백 년 전에 했던 거라 지금은 안 할래."

매번 이런 식으로 거절할 수는 없겠지만, 아이가 거절하는 것에 많은 부담을 느끼고 있다면 이런 방법도 있다는 것을 알려줍니다. 싫은 것을 억지로 하면서 불편한 감정을 느끼는 것보다 이런 식으로 위트 있게 풀어나가는 것이 좋습니다.

상황에 따라서는 단호한 거절이 필요할 때도 있습니다. 아이가 싫어하는 것을 지속적으로 강요하거나 말과 행동으로 피해를 주는 친구가 있다면 단호하게 거절하는 법도 알려주세요.

"하지 마. 이젠 안 참아."

"네가 한 행동 그대로 선생님께 말할 거야."

　자신의 마음을 단호하고 분명하게 전해야 할 때와, 부드럽게 거절해야 하는 상황을 이해할 수 있도록 이끌어줍니다. 부드러운 거절만 반복하면 상대방은 장난으로 받아들이고 태도를 바꾸지 않을 것입니다. 상황에 따라 단호하게 표현하고, 어른들에게 도움을 요청하는 방법도 있음을 알려주세요.

⁇! tip 거절 연습하기

아이와 함께 거절을 연습해볼까요? 4단계 거절법을 적용해봅시다.

Q. 숙제를 해오지 않은 친구가 내게 숙제를 보여 달라고 합니다. 하지만 나는 보여주기가 싫습니다.
　어떻게 거절할까요?

1) 사과하는 말　＿＿＿＿＿＿＿＿＿＿＿＿＿＿＿＿＿＿＿＿＿＿＿＿＿＿＿＿

2) 거절하는 이유　＿＿＿＿＿＿＿＿＿＿＿＿＿＿＿＿＿＿＿＿＿＿＿＿＿＿＿

3) 거절하는 말　＿＿＿＿＿＿＿＿＿＿＿＿＿＿＿＿＿＿＿＿＿＿＿＿＿＿＿＿

4) 대안　＿＿＿＿＿＿＿＿＿＿＿＿＿＿＿＿＿＿＿＿＿＿＿＿＿＿＿＿＿＿＿＿

A. "＿＿＿＿＿＿＿＿＿＿＿＿＿＿＿＿＿＿＿＿＿＿＿＿＿＿＿＿＿＿＿＿＿"

[부드러운 거절] "미안하지만, 나도 잘 모르는 답이 많아서 보여주기엔 부끄러워. 내가 해보니까 오래
　　　　　　　 걸리지 않더라. 직접 해봐."

[위트 있는 거절] "미안하지만, 내가 한 그대로 쓰면 선생님께 혼날걸? 틀린 답이 더 많거든. 시간 얼
　　　　　　　 마 안 걸려. 직접 해봐."

우리 아이 마음의 울타리를 넓혀주세요

FM 모범 답안!
융통성이 너무 없을 때

저희 아이는 FM 모범생 스타일입니다. 좋게 말하면 모범생이지 융통성이 없어도 너무 없어요. 이런 아이 때문에 하루에도 열두 번씩 속이 터진답니다. 물론 선생님 말을 아예 안 듣는 것보다는 낫다고 생각해요. 그런데 저희 아이는 정도가 심합니다. 얼마 전 소풍 가는 날이었어요. 얼굴이 탈 것 같아 모자를 챙겨줬더니 선생님이 모자를 가지고 오라는 말은 안 하셨다며 저와 한참 실랑이를 했답니다. 이런 일이 한두 번이 아니니 조금 지칩니다. 이러다 앞뒤가 꽉 막힌 사람으로 크는 건 아닌가 걱정도 돼요. 어떻게 하면 좋을까요?

교육 현장에서 수업을 하다보면 "자신의 생각을 다섯 줄로 써보자."라는 제 말에, 어떻게든 내용을 고쳐서 다섯 줄에 맞춰서 적는 아이들이 있습니다. 정해진 규칙을 꼭 지켜야만 마음이 편하기 때문인데요. 이런 아이들은 규칙을 지키지 않았을 때 드는 불편한 마음 역시 크기 때문에 더욱 규칙을 지키려 노력합니다. 이는 타고난 기질 때문일 수도 있고, 규칙에 엄격한 기준을 가지고 있는 양육자의 영향을 받았을 수 있습니다.

사실 이런 모습은 어른들도 가지고 있는데요. "연말 파티의 드레스 코드는 블랙이에요."라고 말했을 때, 누군가는 블랙과 화이트 체크 무늬 원피스를 입을 수도 있고, 누군가는 블랙 머플러로 포인트를 줄 수 있지요. 여기서 중요한 건 누구 하나 틀리지 않았다는 겁니다. 다른 듯 보이지만 서로의 취향과 성향을 존중하면 잘 어우러질 수 있습니다.

우선은 아이의 규칙을 지키려는 성향을 인정해주면 좋겠다는 말씀을 드리고 싶습니다. 이렇게 인정하고 나면 비로소 규칙을 잘 지키는 아이의 모습이 장점으로 보입니다. 그리고 융통성이 필요한 상황에 적절한 엄마의 코칭이 더해지면 어느새 우리 아이 생각의 틀은 더욱 넓어져 있을 것입니다.

아이의 융통성, 어떻게 키워줄 수 있을까요?

• 마음의 울타리 넓혀주기

규칙과 규범을 '울타리'라고 생각해볼까요? 좁은 울타리 속의 아이가 안쓰럽다고 해서 "당장 울타리를 뛰어 넘어!"라고 강요하거나, 울타리를 강제로 부숴버리는 것은 전혀 도움이 되지 않습니다. 아이는 울타리 속에 있을 때 편안함을 느끼기 때문이죠. 우리가 할 수 있는 것은 울타리를 넓혀주는 일입니다. 울타리를 넓혀주면 아이가 활동할 수 있는 범위 역시 점점 넓어집니다.

지금 당장 하나의 정답만 있다고 생각하는 아이에게 다른 선택지도 있음을 알려주세요. 아이에게 몇 가지 방법을 제시한 후 스스로 선택하도록 하는 방법도 있습니다. 아이가 직접 선택하는 경험을 해보고 '그 경험이 문제없었다'는 기억이 점점 많아질 수 있도록 도와주는 것이 중요합니다.

"꼭 그렇게 할 필요 없어."
"그냥 엄마가 시키는 대로 해봐."

→ "그런 방법도 있지만 이렇게 할 수도 있어. 이중에서 선택해볼까?"
　"오늘은 이렇게 해보고 내일은 저렇게 해보는 건 어떨까?"

• 울타리에 문 만들어주기

　울타리를 넓혔다면 이제 울타리에 문을 달아주어야 합니다. 나의 울타리 밖에 다른 울타리도 존재한다는 것을 알려주는 것이죠. 내 규칙과 상대의 규칙이 만나 새로운 규칙이 만들어진다는 것을 알려주세요. 그래야 우리 아이도 다른 사람을 인정하는 아이로 클 수 있을 테니까요.

　엄마와의 소통 속에서 서로 다른 의견을 조율하며 절충안을 찾는 법을 배워야 합니다. 이때 조심해야 할 것은 충분한 설명 없이 '엄마 말이 무조건 다 맞아!'라는 태도를 보이면 안 된다는 것입니다.

엄마 : 오늘 날씨 더우니까 반팔 옷 입자.

아이 : 아니야, 오늘 선생님이 긴팔 옷 입으랬어!

엄마 : 더워서 반팔 옷 입어도 돼. 반팔 입자.

아이 : 싫어! 선생님이 긴팔 입으랬다고 했단 말이야!

엄마 : 엄마가 반팔 입어도 된다고 했지! 그냥 입어!

만약 아이와 이런 소통을 하고 있었다면, 이제 이렇게 바꿔 봅시다.

엄마 : 오늘 날씨 더우니까 반팔 옷 입자.

아이 : 아니야, 오늘 선생님이 긴팔 옷 입으랬어!

엄마 : 엄마 생각에는 날씨가 너무 더워서 반팔 입어도 될 것 같아. 아마 다른 친구들도 반팔 입고 올 것 같은데? 선생님도 반팔 입는 거 괜찮다고 생각하실 것 같아. 혼자만 반팔 입는 게 걱정이라면 반팔 입고 가고, 긴팔을 챙겨가자! 학교에 도착해서 언제든지 갈아입을 수 있도록!

아이 : 음…. 그럼 학교 도착해서 긴팔로 갈아입고 싶으면 그렇게 해줄 거야?

엄마 : 응! 당연하지. 얇은 긴팔 옷 챙겨갈게. 우선 반팔입고 가보자.

아이 : 그래, 좋아!

충분한 설명 없이 엄마의 말만이 정답이라고 우기면 아이가 엄마의 의견에만 기대거나, 반대로 자신의 규칙만 맞다 생각하며 남에게 강요하는 아이가 될 수도 있습니다. 단순히 우기는 것이 아니라 충분한 설명과 함께 나의 의견도 말하고 상대방의 의견도 들으며 조율해나가는 과정이 꼭 필요합니다.

Q. 아이가 책을 전혀 읽지 않는다고요?

책을 안 읽는 아이에게 책을 권할 때는 아이가 관심 있는 분야의 책부터 시작하는 게 좋습니다. 우주를 좋아하는 아이에겐 우주와 관련된 책부터 권해봅니다. 우주 행성 이야기, 인공위성 이야기, 미래 우주 이야기 등 아이의 관심 분야를 존중하며 책을 선정합니다.

이때 중요한 것은 아이의 수준에 맞는 책을 골라야 한다는 것입니다. 그럼 아이의 수준에 맞는 책은 어떻게 고를 수 있을까요? 책을 한 권 고른 뒤, 무작위로 페이지를 펼쳐 아이가 모르는 단어의 수를 체크하세요. 모르는 단어의 수가 1~2개라면 쉬운 책이고, 3~4개라면 새로운 단어를 알아가고 유추해서 읽을 수 있는 책입니다. 5개 이상이라면 내려놓는 것이 좋습니다.

어른의 욕심을 앞세우면 오히려 아이의 흥미는 떨어집니다. 글의 길이가 길어 독해력을 향상시키는 책, 학습에 도움이 되었으면 하는 마음으로 고른 학업 관련 책은 아이의 마음을 사로잡을 수 없습니다. 특히 수십 권의 전집은 독서 습관이 잡히지 않은 아이에게 독서에 대한 중압감만 더할 뿐입니다. 이 많은 책을 다 읽어야 한다는 부담감 때문에 큰 마음을 먹고 독서를 시작해야 하는 거죠.

연령에 맞는 권장 도서를 참고하되, 무조건 그 수준에 맞춰 독서를 시작해야 하는 것은 아닙니다. 아이와 함께 서점에 자주 가보세요. 거기서 아이가 관심 있어 하는 책을 하나씩 직접 골라 우리 아이만의 맞춤 전집을 만들어주시는 것도 좋습니다.

그림만 가득한 책을 고른 아이를 나무라지 마세요. 이미 읽은 책을 읽고, 또 읽으려 하는 아이의 모습을 답답해하지 마세요. 다양한 분야의 책을 읽는 것도 중요하지만 책의 재미를 느끼기 위해서는 억지로 이끌지 않는 것이 가장 중요합니다.

Q. 학습에는 전혀 관심 없는 아이가 걱정인가요?

아이가 학습에 관심을 가지게 하려면 아이의 모습을 관찰하는 것이 먼저입니다. 아이가 정해진 분량의 문제집을 시간 안에 다 풀지 못했을 때 뭐라고 하시나요? "왜 이렇게 집중을 못하니."라는 말로 나무라지는 않으셨나요? 원리를 이해하지 못한 채 어른의 속도만 쫓아가기 바쁜 아이는 공부에 흥미를 갖기 어렵습니다. 시간 내에 정해진 만큼을 못했더라도, 일정 시간 집중해서 문제를 풀었다면 그 부분을 인정하고 칭찬해주세요.

아이들이 게임에 열광하며 빠지는 이유가 무엇일까요? 인간은 자신의 행동에 대한 보상을 원하고, 벌은 피하고자 하는 본능이 있습니다. 자신의 성취에 대한 주변의 관심과 칭찬이 아이들에게는 무엇보다 중요합니다. 사실 아이들은 어른들을 행복하게 해주고 싶어 합니다. 즉 부모나 교사로부터 사랑과 보상을 바라기에 무언가를 버티며 해낼 때가 많습니다.

학습에 대한 동기는 행동의 결과로 생기는 성취감을 경험할 때 커질 수 있습니다. 노력한 만큼 '나는 할 수 있다'는 자신감이 생기고 이 자신감이 자발성을 만듭니다. 이 성취감은 전조작기에서 구체적 조작기로 넘어가는 취학 연령의 아이들에게 매우 중요합니다.

학교생활 속에서 친구와의 경쟁이 시작되면서 동기가 생기기도 하고 사라지기도 합니다. 그렇기에 우리 아이보다 잘하는 옆집 아이를 보며 기준을 잡지 말고, 우리 아이의 작은 보폭, 한 걸음 한 걸음 자체를 응원하고 칭찬해주세요. 그래야 우리 아이는 실패해도 괜찮다고 생각하며 앞을 향해 걸어 나갈 수 있습니다. 주변과 속도를 맞추기 위해 걷는 급한 걸음은 방향을 잃기 쉽습니다. 아이 스스로 흥미를 느끼고 자기 주도적으로 학습하려면, 동기부여와 칭찬, 보상이 필수적입니다.

우리 아이가 학습 욕구가 없어 보인다면 아래의 내용들을 잘 살펴보시길 바랍니다.

- 부모가 많은 것을 대신해주며 과잉보호할수록 스스로 성취하려는 마음이 사라집니다.
- 부모가 지나치게 많은 것을 바라면 아이는 실패에 대한 두려움으로 학습 동기가 사라집니다.
- 아이의 자유의지를 존중하며 부모가 아무것도 기대하지 않는 것도 아이의 성취 욕구를 낮춥니다.
- 부모 자신의 문제나 생활을 핑계로 아이의 생활이나 학습에 관심이 없는 경우도 있습니다.
- 주의력 결핍에서 오는 학습 장애나 과잉행동장애가 원인인 경우도 있습니다.

그럼 이제 어떻게 해야 할까요?

- 아이에게 질문을 던지며 답을 함께 찾아보는 학습 친구가 되어주세요.
- 아이의 수준을 파악하여 현실적 목표를 정해주세요.
- 아이의 학습 결과를 보고 냉소적이거나 빈정대는 태도는 피해주세요.
- 누구와의 비교도 아이에게는 필요 없음을 명심하세요.
- '어떻게 하면 될까?'라고 물어보고 스스로 해결할 수 있게 기다려주세요.
- 할 수 있을 거라는 믿음을 가지고 격려하고 지지해주세요.

Chapter 3

엄마의 말 한마디에
아이의 배려심이 자란다

공감 능력은 얼마든지
키워줄 수 있어요

다른 사람에게
공감하지 못할 때

> 저희 아이는 또래에 비해 공감 능력이 떨어지는 것 같아요. 감정을 아예 느끼지 못하거나 표현하지 못하는 것은 아닌데, 자신과 다른 사람들이 느끼는 감정이 다를 때는 전혀 이해하지 못해요. 친구들과 같이 만화를 보더라도 자신이 웃을 때 친구가 웃지 않으면, 또는 자신은 울지 않는데 친구가 울고 있으면 전혀 이해할 수 없다는 표정을 지어요. 공감 능력은 앞으로 살아가면서 굉장히 중요한 거라고 생각해요. 특히 대인관계에서요. 이러다가 아이가 외톨이가 될까봐 정말 걱정됩니다.

교육 현장에서 아이들을 만나다보면, 순수한 한마디 말에 위로를 받을 때가 있습니다. 속상했던 일을 이야기하니 슬픈 표정으로 "선생님 정말 속상했겠어요."라고 공감해주는 아이덕에 상황이 바뀌지도, 나아지지도 않았지만 속상한 마음은 많이 사라졌습니다. 판단이나 충고가 아닌, 오롯이 나의 감정을 알아주고 함께 느껴주는 말이었기 때문일까요?

발달 과정과 공감 능력

공감은 타인의 상황, 감정 등을 같이 느끼는 것을 말합니다. 아이의 공감 능력은 발달 과정에 맞게 점점 자라납니다. 출생 후 1개월부터 2세까지의 영아기에는 엄마와 눈을 맞추고, 소리를 내고, 무언가를 가리키며 자신이 원하는 곳으로 엄마의 주의를 끌어들이는데요. 이것이 공감 능력의 시작입니다. 이를 전문용어로는 '공동주의집중'이라고 합니다.

공동주의집중은 영아기에 발달하는 사회적 의사소통 기능입니다. 어떤 사물이나 사건을 누군가와 함께 주의하고, '이 사람도 함께 주의를 기울이고 있다'고 인식하는 겁니다. 이 기능의 발달은 이후 아이의 언어적인 의사소통에 중요한 영향을 미칩니다. 타인의 언어를 수용하고, 그에 맞게 자신의 생각을 언어로 표현하는 능력과 관련됩니다. 공감 능력의 바탕이 되는 것이죠.

미취학 연령의 아동은 자기중심적인 사고를 합니다. 따라서 이 시기에는 아이의 공감과 배려가 부족해 보여도 크게 걱정할 필요는 없습니다. 학령기가 되어 자기중심적인 사고를 벗어나면 비로소 상대방의 상황과 마음을 두루 살피는 전체적 공감이 가능합니다.

아이의 공감 능력이 부족해 보이면 엄마는 이렇게 생각할 수 있습니다. '아이가 어렸을 때 내가 적절하게 반응하지 않았거나 공감해주지 못해서 그런 건 아닐까' 하고요. 설사 그랬다 하더라도 너무 자책하지 마시길 바랍니다. 지금부터 달라지면 되니까요. 부모 자녀처럼 끈끈한 유대관계에서는 '1:5 법칙'이 적용됩니다. 아이에게 실수로 부적절한 반응과 행동을 한 번 했더라도, 다섯 배의 긍정적인 강화를 하면 상처 받은 아이의 마음은 치유될 수 있습니다.

• **상대방의 입장에서 생각해보도록 도와주기**

상대의 입장이 되어 감정을 이입하는 연습을 해봅니다. 예를 들어 볼까요?

아이가 "어제 시험을 못 봐서 속상해."라는 친구의 말에 "야, 그래도 너는 나보다 잘 봤잖아. 그게 뭐가 속상할 일이야."라고 대답했습니다. 물론 그렇게 생각할 수도 있지만 그 말을 들은 친구는 자신의 속상한 마음이 무시당했다고 느꼈을 것입니다.

이런 상황에서 아이에게 뭐라고 말해주면 좋을까요?

> **엄마** : 상우는 언제 가장 속상했었어?
> **아이** : 저는 아끼던 장갑을 잃어버렸을 때요!
> **엄마** : 상우가 아끼던 장갑을 잃어버렸을 때 가장 속상했던 것처럼, 민호는 시험 점수가 생각보다 낮아서 속상할 수 있어. 사람마다 속상한 마음이 들 때가 달라. 민호에게 무슨 말을 해주면 좋을까?

단순히 "너도 시험 점수 낮게 나오면 기분이 안 좋잖아."라고 같은 상황을 제시하는 것보다, 아이가 속상했던 순간을 생각해보게 합니다. 그리고 나와 친구는 속상한 마음이 드는 상황이 다를 수 있다는 것을 이해시켜주면 됩니다.

• **틀린 게 아니라 다른 것임을 알려주기**

아이들은 종종 자신과 '다른 것'을 '틀린 것'이라고 생각합니다. 고민 사연처럼 '나는 슬프지 않은데, 왜 얘는 슬퍼서 울고 있지?'라는 의문이, '지금 저 감정은 틀렸어'라는 생각으로 이어지기도 합니다.

감정에는 맞고 틀림이 없습니다. 틀린 게 아니라 다른 것임을 정확하게 알려주세요. 아이가 잘 이해하도록 일상적인 상황을 예로 들어 설명하는 것이 좋습니다.

아이와 엄마, 또는 아이와 친구가 서로 다르게 생각하고 느끼는 상황일 때 더욱 효과적으로 설명할 수 있습니다.

> "준형아, 넌 미끄럼틀을 탈 때 무섭지 않지만 승주는 무서울 수 있어. 미끄럼틀을 무서워하는 친구가 잘못된 건 아니야."

> "지혁이는 공에 맞았을 때 기분이 어때? 연희는 머리에 공이 부딪히는 게 정말 싫대. 마음은 서로 다를 수 있어."

세상에는 다양한 생각과 감정들이 있고, 전부 존중받을만한 가치가 있음을 여러 차례 알려주세요. 어느새 아이의 포용력과 공감력은 훌쩍 성장해 있을 겁니다.

• "그렇구나"와 "그랬구나" 사용하기

간단하지만 효과적으로 공감을 표현할 수 있는 마법의 단어가 있습니다. 바로 "그렇구나."와 "그랬구나."입니다. 이 단어는 나와 생각이나 감정이 같을 때는 더 많은 공감을 표현하고, 다를 때도 상대방이 기분 나쁘지 않게 내 마음을 표현할 수 있습니다.

그냥 '이런 말을 사용하면 좋다'고 알려주기보다는, 엄마가 아이와 대화할 때 자연스럽게 사용하는 것이 좋습니다. 엄마의 말을 통해 아이 스스로 감정을 교류하고 있다고 느끼면 쉽게 배울 수 있습니다.

> **아이** : 엄마, 나 어제 달리기 꼴등해서 정말 속상했어.
> **엄마** : 그렇구나, 정말 속상했겠다.

> **아이** : 엄마, 나는 어제 엄마가 언니만 안아줘서 슬펐어.
> **엄마** : 그랬구나. 엄마가 우리 민지의 마음을 몰랐어. 말해줘서 고마워.

이렇게 공감해주는 말 다음엔 "그럼 어떻게 하면 좋을까?"라고 스스로 해결책을 그려나갈 수 있게 도와주세요. 이렇게 스스로 다짐하며 해결책을 생각하다보면 공감 능력은 물론, 자신의 감정을 조절하며 표현할 수 있는 힘이 생길 겁니다.

> **아이** : 엄마, 나 어제 달리기 꼴등해서 정말 속상했어.
> **엄마** : 그렇구나, 정말 속상했겠다. 엄마도 사실 빨리 달리는 게 쉽지는 않더라. 앞으로 어떻게 하면 좋을까?
> **아이** : 매일 연습할거야. 연우도 연습하니까 속도가 더 빨라졌다고 말해줬어.
> **엄마** : 그래. 엄마도 연습할 때 함께 하자. 사실 엄마도 빨리 달리고 싶거든.

공감을 잘하는 사람 주변에는 언제나 사람들이 가득합니다. 누구나 공감을 받을 때 행복과 위로를 느끼기 때문이죠. 이건 아이 어른 할 것 없이 마찬가지입니다. 누군가에게 위로 받고 싶은 마음에 자신의 힘든 상황을 이야기했는데, 맞장구 하나 없이 "그

정도는 아무 것도 아니야."라는 반응만 돌아온다면 더는 이야기를 이어갈 힘을 잃을 것입니다. 그리고 그 사람과는 더 이상 어떤 이야기도 하고 싶지 않아지겠죠.

물론 공감 능력은 사람마다 그 정도가 다를 수 있습니다. 획일적으로 감정을 주입시키는 것이 아니라 상대방의 상황과 감정에 따라 적절하게 공감할 수 있도록 도와주어야 합니다.

🔠 tip 공감 별표로 감정의 깊이 이해하기

나와 상대방의 다름을 이해하고 인정하는 과정에서 감정의 깊이 역시 다를 수 있음을 아는 것이 중요합니다. 감정의 깊이를 표현하는 방법은 여러 가지가 있지만 여기서는 '공감 별표'를 이용해 보겠습니다. '곰 인형을 잃어버려서 속상해요!'와 '비가 와서 놀이터에 가지 못해 속상해요.'라는 문장을 읽고 나의 상황이었다면 얼마나 속상할지를 생각해보고 공감 별표를 매겨봅니다.

하율
"곰 인형을 잃어버려서 속상해요!"
공감 별표 ★★★★★

"비가 와서 놀이터에 가지 못해 속상해요."
공감 별표 ★☆☆☆☆

승호
"곰 인형을 잃어버려서 속상해요!"
공감 별표 ★☆☆☆☆

"비가 와서 놀이터에 가지 못해 속상해요."
공감 별표 ★★★★★

"곰 인형을 잃어버려서 속상해요!"라는 문장에 하율이는 별표 다섯 개, 승호는 별표 하나만 주었습니다. 서로의 공감 별표를 확인하면서 승호는 '아, 하율이는 별표 다섯 개만큼 속상하구나!'를, 하율이는 '승호는 별표 하나만큼만 속상하구나!'를 깨달을 수 있습니다.

또는 "비가 와서 놀이터에 가지 못해 속상해요."라는 문장에 공감 별표를 줄 때 승호의 공감 별표가 다섯 개라면 승호는 '하율이가 곰 인형을 잃어버려서 속상한 마음이 이렇게나 컸구나!'하면서 조금 더 쉽게 공감할 수 있게 된답니다.

양보를 강요하기보다는
나눔의 기쁨을 알려주세요

나누는 것을 싫어하고
욕심부릴 때

얼마 전 학부모 상담을 다녀와서 마음이 무거워졌어요. 담임 선생님으로부터 '아이가 욕심이 많은 것 같다'는 이야기를 들었거든요. 사실 저희 애는 집에서도 동생이 자신의 물건을 만지면 잡아채듯이 뺏어가고는 "내 거야! 만지지 마!" 하고 소리를 지릅니다. 그때마다 "동생하고 사이좋게 나눠 써야지." 하고 타이르기는 했지만 한편으로는 '학교에서도 저러면 어떡하나' 하고 걱정하고 있었거든요. 그런데 아니나 다를까, 친구들과 같이 사용하는 물품을 자기 자리에만 올려놓는가 하면, 친구의 물건 중 마음에 드는 것이 있으면 뺏어가듯이 가져간다고 합니다. 선생님이 "이건 공용 물품이니까 같이 쓸 수 있는 곳에 두자.", "네 것이 아니니 돌려줘야 해."라고 말하면 억울한 얼굴로 선생님을 바라본다고 하네요. 반면에 친구들이 아이의 물건에 관심을 갖거나 만지기라도 하면 "내 거 만지지 마!"라고 소리를 지릅니다. 이러다가 우리 아이가 친구들 사이에서 미움 받을까봐 너무 걱정됩니다.

"나는 당신이 할 수 없는 일들을 할 수 있고, 당신은 내가 할 수 없는 일들을 할 수 있다. 하지만 함께라면 우리는 멋진 일들을 할 수 있다."

마더 테레사가 남긴 말입니다.

어느 날 갑자기 무인도에 떨어져 주변에 의지할 것이라곤 배구공 윌슨밖에 없는 신세가 아니라면, 사람은 필연적으로 타인과 관계를 맺으며 살아갑니다. 또 이 관계 속에서 내가 가진 것을 누군가와 나누기도 하고, 내게 없는 것을 누군가의 나눔으로 채우기도 합니다. 이렇게 서로에게 없는 것을 나눌 때 우리는 더욱 많은 것을 누리고 경험할 수 있습니다. 아이들도 마찬가지입니다. 내가 양보할 때 양보를 받을 수 있고, 더 큰 기쁨을 느끼고 풍부한 경험을 할 수 있다는 것을 알려주어야 합니다.

왜 이렇게 욕심이 많은 걸까요?

• 발달과정의 특성

아이를 키우다보면 때와 장소를 가리지 않고 "모두 내 거야!"라고 외치는 시기가 찾아옵니다. 보통 24개월이 지나면 소유에 대한 개념이 생겨서 '내 것'과 '남의 것'을 구별하게 됩니다. 하지만 구별할 수 있게 되었다고 '이건 내 것이 아니니 손대지 말아야지', '이건 공용 물품이니 사이좋게 나눠 써야지'라고 생각하지는 못합니다. 이 시기에는 자기중심적인 사고를 하기 때문에 타인과 물건을 공유하는 친사회적 행동이 어려운게 당연합니다.

• 나눔을 경험하지 못한 경우

아이의 성장 환경에 원인이 있을 수 있습니다. 누군가와 나눠 쓰는 것을 경험하지 못했던 경우입니다. 외동으로 크는 경우 장난감, 책, 옷 등을 형제자매와 나눌 필요 없이 계속 혼자 쓰다 보니 자신이 모든 것을 소유하는 것에 익숙해져 있을 수 있습니다.

• 양보를 지나치게 강요 받은 경우

반대로 형제자매 혹은 다른 사람에게 내 물건을 너무 많이 **빼앗긴** 경우에도 욕심이 생길 수 있습니다. 엄마가 말없이 아이의 물건을 다른 사람에게 주었다거나, 형제자매에게 양보하라고 지나치게 강요를 많이 받은 경우에는 '내 것을 **뺏길까봐**', 혹은 '내 차례가 오지 않을까봐' 하는 두려운 마음에 양보하는 것이 더 어려울 수 있습니다.

어른들도 아끼는 물건을 다른 사람에게 줄 때는 마음의 정리가 필요하듯이, 아이의 물건을 다른 사람에게 줄 때는 주기 전에 아이의 동의를 먼저 구해야합니다. "화영이는 이제 다 컸으니까 이거 동생 주자.", "친구가 먼저 하고 싶대. 준경이는 다음에 할까?" 이런 식으로 아이에게 양보를 강요하지는 않았나요? '양보 잘하는 착한 아이'라는 틀 안에 아이를 끼워 맞추지 않기를 바랍니다. 양보와 나눔의 즐거움을 경험한 아이는 자연스럽게 나눔을 실천할 수 있습니다.

욕심부리는 아이에게 어떤 말을 해줄 수 있을까요?

• 아이 스스로 불안한 마음과 원인을 인지하고 함께 해결책 고민해보기

내 물건을 빼앗기지는 않을까, 망가지지는 않을까 걱정이 앞서는 아이의 마음. 이렇게 당황스럽고 불편한 마음이 어떤 감정인지 아이 스스로 인지하는 것이 먼저입니다. 막연하게 '기분이 안 좋아'보다는 '속상해', '억울해', '불안해', '걱정돼' 등 상황에 따른 다양한 감정 어휘를 사용해 아이 마음을 읽어주세요. 또는 엄마가 마음을 표현할 수 있는 어휘 몇 개를 제시하고 아이가 직접 선택할 수 있게 하는 방법도 있습니다.

"친구가 민서의 물건을 가져가서 속상해? 아니면 친구가 민서 물건을 망가뜨릴까봐 걱정돼?"

더하여 아이가 감정 어휘를 잘 이해하도록 도우려면, 일상 대화에서부터 엄마가 다양한 감정 어휘를 사용하는 것이 좋습니다.

아이 스스로 감정을 인지했다면 이제 감정의 원인을 찾아봅니다. 불안한 감정의 원인을 찾으면, 그 감정을 해소할 수 있는 해결책도 함께 고민해볼 수 있습니다. 아이가 불안해한다면 왜 그런 마음이 드는지 물어봅니다. 그리고 아이가 말로 표현할 수 있도록 도와줍니다.

> "친구에게 빌려주면 친구가 자신의 집에 가져갈지도 몰라, 불안해."
> "크레파스를 친구 책상에 두면 내가 좋아하는 색을 친구가 먼저 가져갈까 봐 걱정돼."

이 감정을 해소할 수 있는 해결책도 찾아볼까요? 예를 들어 '나는 지금 불안하다' → '왜냐하면 내 물건을 친구가 집에 가져갈까 봐'라고 원인을 찾았다면, 엄마는 아이에게 "친구에게 '쓰고 꼭 돌려줘~'라고 말해보자." 또는 "걱정하지 마, 엄마가 잊지 않고 챙길게."라고 말해줄 수 있겠지요.

• 과잉 반응을 보이는 아이를 위한 "왜 그랬을까?"

소유욕이 강한 아이는 친구가 자신의 물건을 만지거나 가져갔을 때 "내 건데 왜 가져가!" 하고 과잉 반응을 보이는 일이 많습니다. 엄마는 아이의 이런 모습을 볼 때마다 '쟤는 왜 저렇게 욕심이 많나' 하는 불편한 마음이 듭니다. 이제 '불편한 감정' → '과잉 반응'으로 이어지던 연결고리를 '불편한 감정' → '상대방의 입장에서 생각하기' → '적절한 말'로 전환시키는 연습을 해봅시다. 내 기분과 생각을 감정적인 부분만 곧장 표현하기보다 상대방의 입장에서 생각해보고 적절한 말로 표현하는 건강한 의사소통을 배우는 것이죠.

만약에 당연히 나의 물건이라 생각했던 것이 상대방의 물건이었다면? 오해 때문에 과도하게 화를 낸 사람은 사과할 일이 생기겠죠. 이런 일이 벌어졌다면 감정 표현을 잠깐 멈추고 '왜 그랬는지'를 생각할 수 있도록 도와줍니다. 연결 고리 가운데 하나의 필터를 설치한 셈이죠. "친구는 왜 그렇게 행동한 걸까?"라고 말입니다. 이렇게 '왜 그랬을까?'를 생각해본 뒤에 상황을 확인하는 말을 덧붙여 친구와 서로의 상황을 확인한다면 갈등은 심화되지 않을 것입니다.

> 윤선 : 내 볼펜을 왜 갑자기 가져간 거야? (상황 확인하기)
> 건호 : 이거 내 볼펜이야. (상대의 상황)
> 윤선 : 아! 너랑 나랑 볼펜이 똑같구나. 네가 쓰고 있는 게 내 것인 줄 알았어.
>   (알게 된 사실)

'왜 그랬을까?'라는 생각의 필터를 통해 건강한 소통 방식을 배우고, 다양한 상황에 적용할 수 있도록 도와줍니다.

나눔을 배울 수 있는 솔루션에는 무엇이 있을까요?

• 물건 분리하기

아이 스스로 '내 것'과 '공동의 것'을 구분할 수 있도록 도와줍니다. 그러려면 물건의 쓰임새를 이해하고 위치를 분리하는 것부터 시작해야 합니다. 공간을 분리하여 보관하는 것이라고 생각하면 쉽습니다. 집에 있는 모든 물건을 무조건 같이 쓰는 공용 물품이라고 이야기하는 것보다는 '내 색연필', '내 스케치북' 등 아이의 물건은 아이 방 책상 서랍에 두고, 함께 쓰는 것은 거실에 있는 서랍에 보관하자고 아이와 약속합니다.

또는 물건을 분리하는 과정 자체를 아이와 함께 하는 것도 좋습니다. 친구가 우리 집에 놀러 왔을 때, 또는 아이가 친구 집에 놀러 갔을 때에도 소유의 개념을 이해하는 것은 아주 중요하기 때문에 아이가 잘 이해하도록 도와주세요.

• 물건에 스티커 붙이기

아이 물건에 이름표나 아이가 좋아하는 스티커를 붙여주세요. 소유의 개념을 시각화하는 방법입니다. 어쩌면 자신의 물건을 지키지 못하고 뺏길 것 같은 불안함이 양보와 나눔을 방해하고 있을지도 모릅니다.

물건에 스티커를 붙임으로써 자신의 물건을 지킬 수 있음을 인식하고, 나눔을 실천하는 것으로 발전할 수 있습니다. 덤으로 물건을 소중하게 관리하는 습관까지 기를 수 있답니다. 물건에 스티커를 붙이는 것만으로도 아이는 자신의 것을 지키려는 노력을 해냈다고 볼 수 있습니다.

• 체계적 둔감법으로 나눔 실천하기

욕심 많은 아이가 좀 더 나눔을 쉽게 실천하도록 '체계적 둔감법'을 적용합니다. 아이가 받아들일 수 있는 만큼만 나눔을 제안하며, 단계적으로 발전하도록 이끄는 건데요.

처음부터 "모든 걸 다 친구와 나눠 써야해."라고 말하기보다, "이 열 가지 중에 나눠 쓸 수 있는 한 가지를 골라볼까?"부터 시작합니다. 아이가 자신의 물건 중 하나를 친구와 나눠 쓰는 것에 익숙해진다면, 그 개수를 점점 늘려봅니다.

엄마의 생각이 옳다고 '무조건 이렇게 해야만 한다'는 식의 소통보다, 아이가 받아들일 수 있는 만큼 스스로 나눔을 실천하는 경험이 더욱 효과적입니다.

엄마는 아이의 장점보다 단점이 먼저 보이고, 더 크게 느껴집니다. 아이의 타고난 기질과 성향만을 탓하게 되는 것은 이 세상 모든 엄마의 숙제이기도 합니다.

'오빠는 저렇게 양보도 잘하는데 왜 쟤는 자꾸만 자기 것이라고 욕심을 부릴까?', '내가 언젠간 욕심쟁이라는 말을 들을 줄 알았어'라고 생각하기도 합니다.

하지만 지금부터는 조금 달라져봅시다. 나눔이 힘들 수밖에 없었던 우리 아이를 이해해보는 것입니다. 자신의 마음을 적절하게 표현하고 감정을 해소하도록 도와주고, 안정을 되찾은 아이에게 나눔을 제안해봅시다.

용기 내어 나눔을 실천했을 때 크게 칭찬하며, 양보함으로 기쁜 일이 생길 수 있음을 경험하게 한다면 아이는 분명 달라질 것입니다.

?! tip   나눔 기록장 작성하기

나의 것을 상대방과 나누는 건 칭찬받을 만한 일입니다. 나눔을 꾸준하게 실천하도록 언제, 무엇을, 누구와 함께 나누었는지 아이의 나눔 일상을 기록하고 구체적인 칭찬을 더해보세요. 아이에게 나눔과 양보가 즐거운 일이 될 겁니다.

_____○ ○○이 나눔 기록장_____

1. 나는 어제 윤찬이와 내 컬러점토를 가지고 함께 놀았다.

2. 나는 오늘 집에 놀러온 준경이에게 내 스케치북을 양보
   하고 나누어 썼다.

"어제 윤찬이와 컬러점토를 나눠 쓰는 걸 보니 참 기특하더라. 친구와 내 것을 나누는 건 훌륭한 거야."

"엄마는 오늘 뿌듯했어. 우리 마루가 오늘 준경이와 스케치북을 사이좋게 나누는 것을 보니 말이야. 이제 양보하는 것도 잘하네."

나눔 기록장 작성하기는 한 달 이상 꾸준하게 실천하는 것이 좋습니다. 모든 건 습관이 되어야 합니다. 하루 이틀 경험한 에피소드가 아이에게 바로 체화되긴 어렵습니다. 아이가 실천한 내용이 다양하고 반복될수록 패턴이 만들어집니다.

나눔을 잘하다가도 어느 순간엔 다시 어려워할 수도 있습니다. 그럴 때는 "잘하다가 갑자기 왜 그러니?"라는 식의 소통보다는, 작성했던 나눔 기록장을 활용해서 대화하는 것이 훨씬 도움이 됩니다.

또 나눔 기록장 같은 형식을 사용하면 다른 인성 요소의 행동 교정을 이끌 수도 있습니다.

대화가 즐거워지는
대화의 규칙을 알려주세요

하고 싶은 말이 너무 많아서
친구의 말을 끊을 때

> 저희 아이는 말하는 걸 정말 좋아해요. 제가 집안일을 하고 있으면 옆에 와서 오늘 학교에서는 무엇을 배웠는지, 친구들하고 어떻게 놀았는지, 심지어 그날 점심 메뉴까지 쉴 새 없이 재잘재잘 이야기해요. 말이 없어서 답답한 것보다는 말이 많은 게 낫다고 생각했었어요. 그런데 얼마 전 아이가 친구들과 대화하는 모습을 본 후, 말 잘하는 것이 문제가 될 수 있다는 걸 느꼈습니다. 아이가 친구들이 말하는 것은 다 끊고 자기 할 말만 하더라고요. 단순히 친구의 이야기를 안 듣는 정도가 아니라, 친구가 말하는데 중간에 끼어들어요. 생각해보니 저하고 대화할 때도 제 말이 끝나기도 전에 본인 할 말을 쏟아냅니다. 경청은 대인관계에서 정말 중요한 거라고 생각하는데, 어떻게 가르쳐주면 좋을까요?

경청(傾聽)은 기울 '경(傾)'에 들을 '청(聽)'으로, 몸을 가까이 기울여 이야기를 듣는다는 뜻을 가지고 있습니다. 상대방을 진심으로 존중하며 온몸으로 이야기를 들어주는 것이죠. 경청은 백 마디의 말보다도 더 큰 힘을 가집니다. 그런데 사람들은 누구나 자신의 이야기를 하고 싶어 합니다. 경청을 잘하는 사람이 더욱 빛나는 이유이기도 하지요.

　우리의 대화 습관을 떠올려보세요. 대화 중 말하고 싶은 것이 떠올랐을 때, '잊기 전에 빨리 말해야 하는데' 하는 조급함을 느껴본 적이 있을 겁니다. 어느새 상대방의 이야기는 들리지 않고 내 이야기를 꺼낼 타이밍만 엿보게 되죠.

　아이와 대화를 하다가 들려주고 싶은 이야기가 있어 말하려다가도 이미 자신의 또 다른 이야기를 펼쳐내는 아이를 보며 할 말을 넣어두었던 경험은 일상이기도 합니다. 사실 이런 상황은 아이들의 대화 속에서도 생각보다 자주 일어납니다. 그리고 아이 스스로는 이런 상황을 대수롭지 않게 받아들입니다. 오히려 그 모습을 지켜보는 어른들의 조급함이 더 클 때도 있지요.

왜 자기 할 말만 하는 걸까요?

　아이가 자기 할 말만 하는 이유는 무엇일까요? 아이의 성향이 미주알고주알 쉬지 않고 말해야 직성이 풀리는 아이일 수 있습니다. 평소 대화할 사람이 없어서 말할 수 있는 상황일 때 다 풀어내는 경우도 있지요. 또는 듣는 즐거움보다 말하는 즐거움이 훨씬 클 수도 있어요. 그리고 무엇보다 '내 말만 했을 때' 적절한 피드백을 받지 못했다면, '내 말만 하는 습관'이 고착되었을 수 있습니다.

부모도 아이의 말에 경청해야합니다. 생각보다 많은 아이들이 "우리 엄마는 제가 말할 때 핸드폰만 봐요.", "아빠는 제 이야기를 전혀 안 들어줘요."라고 푸념합니다. 경청이라는 건 귀만 열고 있는 것이 아닙니다. 눈을 마주보고, 적절한 맞장구를 치며, 내용에 맞는 반응까지 더해야 합니다. 어른이 먼저 아이의 말을 귀담아 듣는 연습을 해야 합니다.

말 끊는 습관, 어떻게 조절해줄 수 있을까요?

• 아이의 행동을 그대로 따라하는 거울 요법 사용하기

거울 요법을 사용해 아이의 모습을 비춰줍니다. 평소 내 말을 끝까지 잘 들어주던 엄마가 갑자기 내 말을 중간에 뚝뚝 끊고 들어온다면 아이는 당황할 겁니다. 아이가 기분이 나쁘다고 표현하거나, "엄마 왜 제 말을 끊어요?"라고 물어볼 수 있겠죠. 이때 아이의 기분이 어땠는지 들어주고, 엄마의 시선에서 아이의 행동을 사실대로 전달해주세요. 다른 사람의 행동을 통해 나의 지난 행동을 되돌아 볼 수 있는 시간을 주는 겁니다. 이때 잘잘못을 따지고 다그치는 말투보다는 아이 스스로 깨달을 수 있도록 여유를 가지고 대해주세요.

> "너도 엄마 말할 때 그랬어, 얼마나 기분 나빴는지 알아?"
>
> → "기분이 별로 좋지 않았지? 예솔이가 엄마 말을 끊을 때 엄마도 그런 마음이 었어."

• '5초 기다리기' 규칙 만들기

친구와 대화하는 중에 말하고 싶은 것이 떠올랐어도 바로 말하지 않고 '속으로 5초를 세는 규칙'을 만듭니다. 하나, 둘, 셋… 다섯까지 세면서 지금 당장 말하고 싶은 마음을 가라앉히는 겁니다. 사실 무작정 입을 꾹 다물고 참기만 한다면 또래 대화 속에서 말할 기회가 오지 않을 수도 있습니다. 그럴 때는 친구의 말에 호응해주는 말을 사용하면 대화가 훨씬 재미있게 진행될 수 있다는 것을 알려주세요.

> "맞아, 나도 그런 적 있어. (친구의 말 호응하기)"
> "(마음속으로 5초를 센 뒤) 나는 말이야~"

• 정말 말하고 싶을 때 쓸 수 있는 완충언어 알려주기

아이가 정말 말하고 싶은 순간에 사용할 수 있는 완충언어를 알려주세요. '나 지금 너무 말하고 싶어 못 참겠다!' 싶을 때 무턱대고 말부터 꺼내는 것이 아니라, 상대방이 알 수 있도록 깜박이를 켜는 겁니다. "잠깐만!", "얘기 중에 미안한데~" 등 적어도 상대방이 너무 당황하지 않도록 신호를 주는 거죠.

운전 시 차선을 변경할 때 방향지시등을 켜는 것과 마찬가지입니다. 상대방이 이야기를 하고 있을 때에는 "아, 그런데 잠깐만~", "내 생각에는~", "잠깐만, 내가 하고 싶은 말은~" 등의 신호를 상대에게 먼저 전해야 함을 알려주세요. 물론 친구의 말을 끝까지 다 들어주는 것이 가장 좋은 방법이지만, 정말 말하고 싶을 땐 이런 단어를 사용하면 소통을 훨씬 부드럽게 만들 수 있습니다.

하고 싶은 말이 많다는 것은 칭찬받을 만한 일입니다. 방법이 서툴러 실수하고 있는 우리 아이에게 따끔한 충고보다는 연습이 필요하다는 것을 꼭 기억해주세요. 말은 습관이라 하루아침에 달라질 수 없습니다. 솔루션 중에 하나라도 아이가 실천하고 있는 모습이 보인다면 그 부분을 구체적으로 칭찬하고 인정해주세요. 실수한 부분을 꼬집기보다는 잘한 부분을 인정해주는 분위기 속에서 대화의 즐거움을 알아갈 수 있습니다. 우리 아이의 또래 대화를 위해서 방법을 알려주는 것도 중요하지만, 무엇보다 아이에게 충분히 연습할 시간을 주는 여유가 필요합니다.

엄마의 말습관이 아이를
잔소리꾼으로 만들 수 있어요

꼬마 잔소리꾼,
다른 친구를 지적할 때

저희 아이는 다른 친구를 자주 지적해요. 한번은 아이의 친구가 허락 없이 지우개를 만지자 버럭 화를 내며 "야! 너 왜 남의 물건을 함부로 만져? 남의 물건은 허락받고 만지는 거야."라고 이야기하는 겁니다. 틀린 말은 아니지만, 그 친구가 많이 무안해서 제가 다 미안하더라고요. 또 학원에서 지각한 친구에게 모든 친구가 다 보는 앞에서 "야, 너는 왜 맨날 늦게 다니냐? 일찍 좀 다녀!"라며 호되게 한마디 했다고 합니다. 선생님의 올바른 지적에도 마음이 상하기 쉬운 나이인데, 같은 친구끼리 이렇게 지적하면 친구들이 저희 애를 피하지 않을까요? 더 늦기 전에 고쳐주고 싶은데 어떻게 해야 할까요?

귀여운 꼬마 잔소리꾼이네요. 사연 속의 아이는 악의를 가지고 친구에게 잔소리하는 건 아닙니다. 내가 옳다고 믿는 걸 가르쳐주려는 것이죠. 보통 6~8세의 아이들은 친구들의 잘잘못을 가리는 데 열중하곤 합니다. 옳고 그름의 구분이 분명하다고 생각하기 때문에 잘못된 행동을 보면 상황에 관계없이 일단 지적하고 보는데요.

성장 과정에서 보이는 자연스러운 현상입니다.

하지만 그런 말을 했을 때 상대방이 당황해하는 모습을 보면서, 또는 세상이 무조건 잘한 것과 잘하지 않은 것으로 나눠지지는 않음을 깨달으면서 자연스럽게 지적이 줄어듭니다. 그러나 자연스럽게 지적이 줄어들 나이가 되었는데도 반복적으로 친구를 지적한다면 고쳐주는 것이 좋습니다.

아이들을 가르치다보면 이런 귀여운 꼬마 잔소리꾼을 종종 만나는데요. 잔소리를 듣는 친구들은 "내가 뭐?"라고 짜증을 내며 불편한 표정을 짓습니다. 또는 아예 대꾸하지 않거나, 민망해하며 "알겠어."라고 대답합니다. 반응이야 제각각이지만, 대부분의 아이들이 공개적으로 잔소리 듣는 걸 좋아하지 않음은 확실합니다. "좋은 말도 한두 번이다."라는 말도 있잖아요.

아이의 잔소리를 줄이기 위해
엄마가 기억할 것!

• 과도한 지적이나 규칙은 NO

먼저 엄마가 과한 잔소리꾼은 아닌지 돌아볼 필요가 있습니다. 작은 행동 하나에도 일일이 지적하거나, "이렇게 하는 게 맞아", "그렇게 하면 안 돼."라고 엄마의 규칙과 기준에 맞춰 아이를 평가하고 있지는 않나요? 그러다보면 어느새 아이도 엄마의 잔소리를 닮아갑니다. 아이는 부모의 말과 행동을 모방하고 학습하기 때문이죠. 만약 자신이 잔소리를 많이 한다고 느껴지면 잔소리를 조금 줄여주세요.

• 비교 칭찬은 NO

아이를 칭찬할 때 "네가 쟤보다 그림을 잘 그려.", "네가 쟤보다 빨랐어." 등 다른 친구들과 비교해서 칭찬하는 것을 멈추어야 합니다. 비교 칭찬은 아이가 자신의 있는 그대로의 모습을 사랑하는 데 방해가 될뿐더러, 자신도 모르게 친구들을 서열화하게 됩니다. 그리고 나보다 서열이 낮다고 생각되는 친구에게 잔소리하는 모습을 보일 수 있습니다.

> "로라가 윤서보다 달리기 훨씬 빨랐어! 대단해!"
>
> → "로라가 끝까지 열심히 달리는 모습이 정말 멋있었어."

• 다른 사람 험담 NO

"어머, 저 집 아줌마는 맨날 늦어.", "걔는 또 준비물을 안 가지고 왔대?" 혹시 찔리지 않으신가요? 부모가 자신도 모르게 슬쩍슬쩍 하는 험담도 아이를 잔소리꾼으로 만들 수 있습니다. 다른 사람을 욕하는 모습보다는 이해하는 아량을 더 많이 보여주세요. '그럴 수도 있지', '그럴 만한 사정이 있었을 거야'라고 생각하며 상대방의 실수를 감싸주고 덮어주는 소통을 많이 해주시기 바랍니다.

> "어머, 저 아줌마는 맨날 늦어."
>
> → "무슨 사정이 있어서 늦으셨나보다."

아이 스스로 예쁜 말습관 만드는 방법

• 자신의 말투를 직접 들어보고 상대방의 기분을 느껴보기

"잔소리를 줄이고 친구를 이해해주자."라고 말했을 때 우리 꼬마 잔소리꾼 중에는 "엄마, 내가 틀린 말을 하는 것도 아닌데 뭐가 문제예요?"라고 반문하는 아이들도 있을 것입니다. "상대방이 속상하고 민망할 수 있어."라고 알려주었는데도 태도를 굽히지 않는다면 내 말투와 목소리가 어떤지 들어보게 하는 것도 코칭의 한 방법입니다.

잔소리했던 상황을 돌이켜보며 무슨 말을 했는지 종이에 적어봅니다. 그리고 종이에 쓴 내용을 직접 읽어보게 하며 녹음하고 아이에게 들려줍니다. 아무리 옳은 말이라도, 상처 줄 의도가 없었더라도 상황에 따라 불편한 소통이 될 수 있음을 직접 느낄 수 있는 방법입니다.

> 엄마 : 윤서의 목소리를 들어보니 어때?
>
> 아이 : 별로 좋지 않아요.
>
> 엄마 : 그러게. 윤서는 그냥 친구에게 알려주고 싶었을 뿐인데, 생각보다 말이 불편하게 들리네. 이 말을 들은 친구가 속상할 수 있겠다. 앞으로는 윤서가 어떻게 말하면 좋을까?

• 같은 말이라도 청유형을 사용하기

자신의 잔소리를 녹음해서 직접 들어보았다면 우리 아이는 조심스럽게 말하려고 노력할 겁니다. 잔소리를 하지 않으려고 노력하기도 하겠지요. 하지만 버릇은 빨리 고쳐지지 않는 법. 입이 간질간질, 잔소리하고 싶을 때는 "이렇게 말해보면 어떨까?" 하고 청유형으로 예쁘게 표현하는 방법을 알려주세요. 상황별로 적당한 대체 문장을 알려주면 좋습니다.

> "야! 너 왜 남의 물건을 함부로 만져? 허락 받고 만지는 거야!"
>
> → "미안하지만, 내 물건은 허락 받고 만지면 좋겠어."

"너는 왜 이렇게 맨날 늦냐?"

→ "무슨 일 있었니? 다음번에는 조금 일찍 오면 좋겠어."

아이는 잘못이 없습니다. 단지 자신의 말과 행동을 상황에 맞춰 조절하고, 상대방의 입장을 생각할 수 있는 그릇이 형성되고 확장되며 시행착오를 겪는 시기일 뿐입니다. 올바르게 행동하지 못하는 아이를 보는 나의 마음과 자존심을 지키기 위해, 자라고 있는 우리 아이의 자존감을 꾹 누르고 있는 건 아닌지 생각해보면 좋겠습니다. 아이의 눈높이에서 함께 연습하는 것은 주 양육자인 엄마가 제일 잘할 수 있고, 또 반드시 해야 할 일입니다.

엄마의 눈치를
아이에게 빌려주세요

하지 않아야 할 말도
거침없이 할 때

> 이제 막 초등학생이 된 여자아이를 키우고 있는 워킹맘입니다. 우리 아이는 해야 할 말과 하지 않아야 할 말을 구분하지 못하고 직설적으로 말하는 편인데요. 이것 때문에 민망할 때가 한두 번이 아닙니다. 며칠 전 이웃 주민과 함께 엘리베이터를 탔는데, 아이가 대뜸 "엄마! 저 아줌마는 왜 이렇게 뚱뚱해?"라고 말하더라고요. 얼마나 죄송하고 민망했는지…. 또 한 번은 놀이터에서 한 친구가 코를 파고 있었는데 모든 친구들 앞에서 큰소리로 "엄마~ 얘 봐요! 얘는 아직도 코를 파요."라고 다 듣게 말한 적도 있습니다. 제가 너무 민망해하니 주변에서는 '아이가 아직 순수해서 그런 것 같다'고 말씀해주시는데, 좋게 말해서 순수한 거지 눈치가 없어요. 일부러 민망하게 하려고 하는 말은 아닌 것 같은데, 아이 스스로 잘못했다는 것을 깨닫지 못하는 것 같아요. 어떻게 하면 잘 이해시킬 수 있을까요?

사실이냐 아니냐를 놓고 보았을 때 아이의 말은 틀리지 않았을 수도 있습니다. 굳이 하지 않아도 되는 말을 해서 듣는 사람에게 상처를 주는 아이들은 자신이 무엇을 잘못했는지 몰라 고개를 갸우뚱할 수 있습니다. 그저 궁금해서 물었던 말, 불쑥 생각이 나서 내뱉은 말, 나의 생각을 상대와 나누고 싶은 마음에서 내뱉은 그저 '말'일 뿐입니다.

초등 교과 과정에서도 '듣는 사람의 기분을 고려하며 말하기'는 다양한 주제를 통해 반복적으로 훈련합니다. 태어나면서부터 무조건 알고 있는 게 아니라 사회화 과정을 거치며 취득하게 되는 거지요. 그러니 어른들의 보편적 표현인 "그런 말은 하는 게 아니야."라는 문장 속 '그런 말'의 의미를 아이가 모른다면 개념을 이해하도록 도와주어야 합니다.

그런데 아이의 말 때문에 민망해진 상황에서 불안감이 커진 어른은 제대로 된 설명으로 아이를 이해시키기 어렵습니다. "넌 왜 이렇게 눈치가 없니?"라는 말 대신, 그 말이 왜 눈치 없는 말로 상대에게 전달되는지 아이가 이해하도록 연습하는 시간이 필요합니다.

눈치 없는 아이, 어떻게 도와줄 수 있나요?

• 눈치 빌려주기

"내가 그런 말 하지 말라고 몇 번이나 말해?" 보다는 '그 말이 왜 상황에 맞지 않는지'를 평소에 꾸준히 설명해주어야 합니다. 눈치가 없는 아이에게 엄마가 느꼈던 것을 차근차근 설명해주는 겁니다. 단, 아래 예시처럼 아이의 말 자체를 부정하듯 다그치는 건 좋지 않습니다. 아이는 나쁜 의도로 말한 게 아닌데, 제대로 된 설명 없이 그저 안 된다고만 말하면 아이는 어리둥절하고 때로는 민망함을 느낍니다. 민망함과 부끄러움을 느끼는 상황이 반복될수록 아이는 위축됩니다. 그러면 말하는 것을 의도적으로 피하거나, 방어심리를 작동시켜 '뭐 어때? 그럴 수도 있지! 난 잘못한 게 없어!'라며 스스로의 잘못된 행동을 보호하게 될 수 있습니다.

아이 : 선생님! 화장 안 하니까 늙었어요.

엄마 : 얘! 선생님께 늙었다는 게 뭐니? 어른에게 늙었다는 말을 하면 안 돼. 안 늙었잖아.

아이 : 엄마도 늙었다고 말하고 있잖아.

엄마 : 난 선생님이 안 늙었다는 말을 하고 있는 거잖아.

• 타인의 감정을 감정 단어로 표현해보기

자신의 말이 상대에게 전달되었을 때 그 말이 상대방에게는 어떤 느낌으로 전해질지 함께 생각해보는 겁니다. "그렇게 말하면 싫어해."라는 식으로 다그치면 다른 사람들이 말 자체가 아닌 자신을 싫어한다고 오해할 수 있습니다. 아이 스스로 죄의식을 느끼지 않도록 주의해주세요.

아이 : 엄마! 선생님이 늙어 보였어. 그래서 그렇게 말한 거야.

엄마 : 만약 엄마가 선생님이었다면 부끄러웠을 것 같아.

아이 : 왜?

엄마 : 늙었다는 말은 좋게 느껴지지 않아. 선생님이 민망했을 것 같아.

아이 : 선생님은 웃으면서 괜찮다고 하셨잖아.

엄마 : 그건 네가 부끄럽고 민망해 할까봐 그 말이 싫었던 걸 말하지 않으신 거야. 앞으로는 말하기 전에 이 말을 들으면 상대는 어떤 기분일까 한 번 생각해보자.

• 둘만의 암호 만들기

지금 입 밖에 나온 말을 번복하거나 없던 일로 할 수는 없습니다. 다만 실수를 되풀이하지 않도록 도와주는 역할에 힘써야겠죠. 우선 아이의 잘못을 사람들 앞에서 지적하기보다는 둘만의 암호를 만드는 것이 좋습니다.

문장 부호 중 큰따옴표와 작은따옴표를 생각해볼까요? 머릿속에 떠오르는 생각들은 두 가지로 나눌 수 있습니다. "큰따옴표"에 넣어 표현할 수 있는 말과, '작은따옴표'에 넣어 마음으로만 생각하는 말로 나눌 수 있다는 것을 알려주세요.

또 '아이의 어깨에 살짝 손을 올리며 신호 주기', '아이의 눈을 마주치며 살짝 깜박여 신호 주기' 등 비언어적인 행동을 이용해 아이의 말실수를 스스로 인지할 수 있도록 도와주면 됩니다. 어느 순간 아이 스스로 생각하며 말하는 모습을 볼 수 있을 겁니다.

tip 동화책 읽으면서 등장인물의 감정 파악하기

집에 있는 동화책을 활용해 등장인물의 감정을 파악하는 연습을 해봅니다. 주인공이 느낄 감정과 마음을 제 3자의 시점으로 분석해보는 겁니다. 이때 아이와 엄마의 시선이 다를 수 있어요. 그럴 때에도 엄마의 생각을 주입하듯이 이끌지 말고 아이가 왜 그렇게 생각했는지 이유를 물어봐주세요. 여기에 첨언하는 방향으로 옳은 해석을 더해주는 것이 좋습니다. 그다음 동화책 속 대화체를 다양한 감정을 넣어 읽어봅니다.

[호박마차를 만들어준 요정에게]

"정말 고마워. 덕분에 파티에 갈 수 있게 되었어." (단호한 말투로)

"정말 고마워. 덕분에 파티에 갈 수 있게 되었어." (친절하고 부드러운 말투로)

갈등을 유연하게 대처하는
힘을 길러주세요

형제자매끼리 소리 지르고
때리면서 싸울 때

9살인 큰 아이와 8살인 작은 아이, 연년생 형제를 키우고 있습니다. 요즘 두 아이 때문에 집에 바람 잘 날이 없어요. 형제끼리는 다들 싸우면서 큰다지만 아이들의 싸움이 점점 더 잦아지고 커지는 것 같아 정말 걱정입니다. 아주 사소한 일이 발단이 되어 싸우기 시작하는데 대부분의 싸움이 전초전도 없이 바로 소리를 지르거나 주먹다짐으로 이어져요. 얼마 전에는 작은 아이 얼굴에 큰 아이 손톱자국이 날 정도로 아이들이 크게 다투었습니다. 속상한 마음에 큰 아이를 혼냈더니 "엄마는 동생 편만 들어!"라면서 펑펑 울더라고요. 마음은 그렇지 않은데 의도치 않게 두 아이 모두에게 상처를 주고 있는 것 같아요. 이럴 땐 정말 어떻게 해야 할지 모르겠습니다.

열손가락 깨물어 안 아픈 손가락 없다고 하죠. 엄마에게는 첫째 아이도 둘째 아이도 너무나 소중한데, 서로 남인 듯 다투는 모습을 볼 때면 정말 속상합니다. 싸우면서 크는 거라고는 하지만 막상 내 상황이 되면 제 3자가 마음 편히 할 수 있는 말이라는 것을 깨닫게 되죠.

아이들이 싸우는 상황에서 어른은 재판관과 중재자 중 어떤 역할을 해야 할까요? 당연히 갈등의 중재자가 되어야 합니다. 재판관은 누가 어떤 잘못을 했고, 그 잘못의 정도는 누가 더 크며, 그 시작은 누구였는지 등 갈등을 유발하고 확장시킨 역할을 한 아이를 찾아 나무랍니다. 엄마가 재판관이 되는 상황에서는 가해자와 피해자가 생깁니다. 또는 같이 잘못했으니 서로 사과하고 끝내라는 주먹구구식의 상황 정리로 마무리되기도 합니다.

반면에 중재자는 누구의 편이 아니라 갈등을 해결하기 위해 함께 고민하는 역할을 합니다. 객관적으로 상황을 파악하는 힘이 필요하죠. 하지만 주먹다짐 직전인 아이들을 앞에 두고 이성적으로 해결책을 만들어가는 건 말뿐인 이상이며 현실적으로 실행하기 힘듭니다.

그럼 싸우는 아이들을 어떻게 중재할 수 있나요?

• 싸우는 아이들을 물리적으로 분리하기

'타임오프(Time Off)'라는 말을 들어보셨나요? 현재 일어나고 있는 상황을 잠시 중단하는 것을 뜻합니다. 감정이 격해져 있는 상태에서는 서로 얼굴만 봐도 화가 날 수 있습니다. 그리고 이런 상태라면 아이들과 어떤 소통도 원활하게 할 수 없습니다.

아예 중재를 시도하기조차 어려운 상황인거죠. 이럴 때는 잠시 물리적으로 분리하는 방법이 필요합니다. 아이들이 싸우고 있다면 일단 싸움을 잠시 멈추고 두 아이를 각자 다른 공간으로 분리하여 마음을 가라앉힐 시간을 주세요.

아이들이 각자의 시간을 갖는 동안 부모 또한 마음의 여유를 가지고 감정적으로 동요되었던 마음을 진정시킵니다. 이성적으로 생각할 수 있도록 숨고르기 하는 시간을 가지는 것입니다.

> "서로 잠깐 화나는 마음을 멈추고 10분 뒤에 다시 얘기하자."
> "화가 나도 소리치는 건 안 돼. 생각하는 의자에 앉아서 무엇 때문에 화가 난 건지 생각해보자."

• 아이의 감정, 입장, 상황을 들어보기

이제 아이를 한 명씩 차례대로 만나면서 어떤 상황이 일어난 건지, 당시 감정은 어떠했는지, 아이의 입장은 무엇인지 물어보고 경청해주세요. 온전하게 자신의 목소리에 귀를 기울여주는 상대가 있다는 것만으로도 감정의 해소가 시작됩니다.

그다음 상대방에게 혹시나 후회되는 행동을 한 건 없는지, 잘못한 건 없는지 물어봐주세요. 처음엔 자신에게 유리한 이야기들을 토대로 사건을 재구성하여 말했다면 진정된 후에는 스스로를 이성적으로 바라볼 수 있게 됩니다.

> "형에게 이건 잘못했다 싶은 거 있어?"
> "동생에게 사과하고 싶은 거 있니?"

• 직접 갈등을 해결하도록 인도하기

아이들이 서로 잘못한 것과 미안한 것을 인정하고 말했다면 직접 이야기하도록 자리를 마련합니다. 이때도 무턱대고 아이를 마주하게 하는 것이 아니라, "말할 준비가 되었어?", "뭐라고 말하면 좋을까?", "사과를 받을 준비도 되었니?"라고 물어봅니다. 전체적인 대화 과정을 미리 그려보고, 아이의 마음을 재차 안정시키는 것이 중요합니다.

직접 마주해서 화해할 때는 한발 물러나 아이들에게 그 상황을 맡기는 것이 좋습니다. 준비한 만큼 사과를 못했더라도, 어색하게 이야기하다 웃고 끝나버려도 괜찮습니다. 대화가 다시 싸움으로 번지지 않고 화해의 과정을 밟고 있다면 엄마는 지켜보는 것이 맞습니다. 누구나 처음은 서툴고, 갈등 해결에 있어서도 마찬가지입니다.

아이들이 서로 사과를 주고받으면 "싸운 건 옳지 않지만 그래도 서로 화해하는 모습이 정말 멋지다. 한 발씩 양보한 모습이 훌륭해."라며 현명하게 갈등을 해결한 아이들을 칭찬해주세요. 그러면 아이들은 또 다시 갈등이 찾아오더라도 해결방법을 스스로 찾아갈 수 있을 겁니다.

갈등을 피할 수는 없지만 함께 해결할 수는 있습니다. 누구의 잘잘못을 따지는 것보다 서로의 잘못을 인정하고, 잘못을 반복하지 않는 것이 더 중요합니다. 갈등은 집안에서만 일어나지 않습니다. 우리 아이가 밖에서 겪을 수 있는 여러 가지 갈등 상황을 유연하게 대처하는 힘을 길러주는 것은 엄마의 몫입니다.

tip 절대적인 규칙 만들기

싸우더라도 '절대 서로를 때리진 않는다' 등의 절대적으로 지켜야 하는 규칙을 만들어요. 부모님이 가장 크게 걱정하는 부분은 다툼으로 인해 아이들이 다치는 것이지요. 그렇기 때문에 절대적으로 지켜야 하는 규칙을 만들고 지키게 하는 것이 좋습니다. 이건 누구의 잘잘못과 상관없이, 어떤 이유에서 건 용납되지 않는다는 것을 선포하고 지키는 것입니다. '이래서 때릴만했다'고 이해하는 것이 아니라 '그래도 폭력은 안 돼' 하는 절대적인 규칙이 반드시 필요합니다. 과격해지는 순간을 막기 위한 우리 집만의 제 1규칙. 제 2규칙을 아이들과 함께 상의하여 정해보세요.

Q. 아빠가 육아에 조금 더 동참하기를 원하나요?

가족 간 역기능적 소통 모델, '가족 간의 삼각관계'를 들어보신 적이 있나요? 가족 구성원 간에 개별적인 소통이 아닌, 특정 구성원을 사이에 두고 분리된 채 소통하는 것입니다. 예를 들어 귀가가 항상 늦는 아빠는 엄마를 통해 아이의 이야기를 듣고, 아이 역시 엄마를 통해 아빠의 소식을 전해 듣습니다. 이 경우엔 아빠의 육아 참여가 정말 어렵습니다.

가족 구성원 간에는 서로 역할이 있습니다. 건강한 가족일수록 역할 분담과 책임이 명백합니다. 가족을 위해 물질적인 자원을 마련하는 것도 중요하고, 자녀를 양육하고 격려하는 것 또한 중요합니다. 하지만 이 역할이 이분법적으로 나뉘어서는 안 됩니다. 특히 양육 및 자녀교육은 공동의 역할이라고 봐야 합니다. 고민 가정의 상황은 아마도 아이의 아빠가 육아 및 자녀교육과 관련해 역할이 부재하거나, 또는 엄마가 훨씬 더 많은 시간을 쏟고 있는 상황이라 생각됩니다.

먼저 아이의 아빠에게 원하는 것이 정서적 관여인지, 시간과 관련된 물리적 관여인지 생각해보세요. 감정이 배제된 관여는 가족끼리의 의무를 강요하거나 가족을 통제하는 형태가 될 위험이 있습니다. 아빠의 정서적인 관여를 높이려면 가족의 일을 공유하고 결정하는 과정에서 함께 대화하는 것이 무엇보다 중요합니다.

사실 정서적 관여도를 높이기 위해서는 물리적 관여는 필수입니다. 모든 가족이 모여 함께 시간을 보내는 것도 중요하고, 평소에 바쁜 아빠가 아이와 둘만의 시간을 보내는 것도 중요합니다. 온 가족이 함께 모여 보내는 시간을 가족 규칙으로 정해보세요. 이렇게 구조화시킨 패턴은 시간이 지날수록 가족 구성원간의 유연한 분리와 연결로 이어져 가족의 유대감을 형성할 것입니다.

Q. 워킹맘이라 아이에게 늘 미안한가요?

아이에게 미안해하지 않는 것부터가 시작입니다. 다른 엄마들처럼 하루 온종일을 함께할 수 없어서, 쌓여있는 집안일을 하느라 눈을 마주치며 아이의 말을 다 들어줄 수 없어서 미안해하지 마세요. 그저 바쁜 엄마일 뿐, 나쁜 엄마가 아닙니다.

많은 육아서와 자녀 교육서에서 늘 등장하는 말이 있습니다. 아이가 원하는 것은 양이 아니라, 질이다! 다시 한 번 읽으며 생각해볼까요?

퇴근 후의 엄마는 직장에 있을 때보다 더 정신없이 바쁩니다. 간단식으로 저녁을 먹이고 밀린 빨래를 돌린 후, 아이들의 숙제를 확인합니다. 아이들 나름대로 숙제를 했지만 완벽할 수는 없습니다. 아이의 표정보다, 문제집에 더 오랜 시간 시선이 머무릅니다. 낮에 집안일을 다 해놓고 저녁에는 온전히 아이에게 집중할 수 있었던 다른 엄마들은 이미 완벽하게 숙제도 챙기고 예습과 복습도 마쳤을 것 같습니다. 그래서 오늘도 글자 하나 잘못 쓴 우리 아이를 나무랍니다. 그리고 후회합니다.

이 상황에서 엄마는 틀린 것도, 잘못한 것도 없습니다. 다만 아이들에게 미안한 마음을 가질수록 불안하고 조급한 마음이 드는 자신을 인정하세요. 그 마음이 아이에게 전해지면 아이는 불안합니다. 챙길 일이 많을수록 온전히 아이에게 집중하는 10분 정도의 공백 시간을 가지세요. 아이와 눈을 마주치며 가벼운 이야기도 좋고, 농담도 좋고, 스킨십을 나누는 장난도 좋습니다.

엄마가 무언가를 확인하고 검사하지 않아도 됩니다. 엄마는 엄마가 해야 할 일, 아이는 아이가 해야 할 일을 마친 다음 소통하세요. 어쩌면 하루 종일 엄마를 기다리며 아이가 하고 싶었던 말은 "엄마, 보고 싶었어." 그리고 듣고 싶었던 말은 "엄마 안 보고 싶었어?"라는 포근한 말이었을지도 모릅니다.

우리는 항상 바쁘지만 그렇다고 나쁜 엄마는 아닙니다.
우리는 항상 아이 곁에 있어주지는 못하지만 그렇다고 부족한 엄마도 아닙니다.

Chapter 4

엄마의 말 한마디에
아이의 표현력이 자란다

떼쓰기 대신
건강한 표현 방식을 알려주세요

떼쓰기로 마음을
표현할 때

> 저희 아이가 초등학교 1학년인데요. 요즘 부쩍 떼를 쓰기 시작했어요. 조금이라도 자신의 마음에 안 들거나, 원하는 걸 가지지 못하면 떼쓰기가 시작됩니다. 짜증내는 말투부터 시작해서 빽빽 소리를 지르고, 어쩔 땐 바닥에 드러눕기까지 한답니다. 저도 사람인지라 이럴 때마다 어디로 도망가고 싶은 심정이에요. 특히 사람이 많은 곳에서 이러면 정말 난처합니다. 어떨 때는 제가 아이를 잘못 가르쳐서 그런가 하는 생각까지 들어요. 이제는 저도 지쳤어요. 요즘은 그냥 상황을 무마하려고 아이가 원하는 것을 들어주거나, 저 역시 화나서 소리를 지르기도 합니다. 주변에서는 지금 확실하게 눌러주지 않으면 앞으로 더 힘들 거라고 말하는데 저도 어떻게 해야 할지 혼란스럽습니다.

아이에게 떼쓰기는 자신의 마음을 가장 쉽고 강력하게 표현할 수 있는 수단입니다. 그리고 엄마에게는 공포의 시간이죠. 만약 아이가 공공장소에서 떼를 쓰기 시작한다면? 울고불고 드러눕는 아이 앞에서 침착히 대응하기란 쉬운 일이 아닙니다. 주변 사람들의 시선과 당황스러움 때문에 올바른 훈육을 할 겨를이 없는 거죠. 그 순간엔 '떼쓰기를 멈추는 것'이 우선 순위가 됩니다.

그렇다면 떼쓰기를 멈추는 가장 쉬운 방법은 무엇일까요? 바로 아이의 요구를 들어주는 겁니다. 이게 반복될수록 '떼를 쓴다' → '엄마가 원하는 것을 들어준다!'가 학습됩니다. 이제 아이는 '떼쓰기'라는 강력한 무기를 획득한 것입니다.

만 2세 정도가 되면 자아가 발달하면서 자연스럽게 떼쓰기가 시작됩니다. 마음속으로는 하고 싶은 게 정말 많은데, 아직 신체가 덜 발달해서, 혹은 위험하기 때문에 못하는 게 더 많으니 짜증이 나는 거죠. 또 아직 언어 구사가 완벽하지 않아서 징징거리는 말투, 울기, 토라진 척 등 쉬운 방법으로 마음을 표현하는 겁니다.

이 시기에는 "내가 할 거야!"라고 고집부리는 일이 많은데요. 자립심을 표현하는 떼쓰기입니다. 위험하거나 급한 상황이 아니라면 혼자 해보도록 기다려주시면 좋습니다. 아이가 성장하려면 때로는 모험도 필요하니까요.

떼쓰기는 대부분의 아이가 사용하는 의사 표현 중 하나지만, 시간이 흐르면서 자연스럽게 좋아집니다. 그런데 욕구를 말로 표현할 수 있는 나이가 되었는데도 울고 떼를 쓴다면 올바른 표현 방법을 알려줄 필요가 있습니다.

아이가 떼쓸 때 어떻게 대응하고 있나요?

이 시기에 양육자의 태도는 아이의 소통 능력에 중요한 영향을 미칩니다. 만약 아이의 떼쓰기를 "오냐, 오냐." 하고 무조건 수용한다면 어떻게 될까요? 위에서 말했듯이 아이는 '떼를 쓰면 원하는 것을 얻을 수 있다'는 것을 학습합니다. 이게 반복될수록 아주 사소한 일에도, 혹은 상황에 관계없이 떼쓰기를 소통 방법으로 삼게 됩니다.

그럼 아이가 떼를 쓸 때 "그만해!"라고 버럭 화를 낸다면 어떻게 될까요? 아이의 성향에 따라 두 가지 반응으로 나뉠 수 있습니다. 자신의 감정을 내재화하는 아이는

'엄마에게 내 마음을 표현한 것뿐인데 엄마가 화를 냈다'고 생각하며 마음의 상처를 입습니다. 그러면 아이는 점점 더 위축되거나, 떼쓰기가 더 심해질 수 있습니다. 또 자신의 마음을 바르게 표현하는 게 점점 어려워지기도 하죠. 반대로 자신의 감정을 바깥으로 표출하는 아이들은 '엄마가 먼저 소리 질렀으니 나도 더 소리 지를 거야!' 라고 생각할 수 있습니다. 그러면 엄마도 아이도 점점 언성을 높이게 되고, 나중엔 훈육 자체가 어려워지는 악순환에 빠집니다.

아이의 떼쓰기, 어떻게 대처할까요?

• 상황 파악하기

떼쓰는 소리가 시작되는 순간부터 귀를 틀어막고 싶어지는 마음, 저도 이해합니다. 하지만 잠시 마음을 다잡아봅시다. 이제 우리의 목표는 아이에게 떼쓰기 대신 건강한 표현 방식을 알려주는 것입니다.

그러려면 아이가 언제, 어떤 상황에서 떼쓰는지 아는 것이 정말 중요합니다. 엄마가 먼저 상황을 정확히 파악해야 아이에게 인지시킬 수 있고, 상황을 인지한 아이와 소통을 이어갈 수 있기 때문입니다.

더워서, 졸려서, 배가 고파서, 양치를 하고 싶지 않은데 하라고 해서, 장난감을 갖고 싶은데 엄마가 사주지 않아서 등 '도대체 왜?' 떼를 쓰는지 파악하는 것이 첫 단추입니다.

"그만! 당장 그만하지 못해!"
"안 돼! 빨리 와!"

→ "지금 이 장난감이 갖고 싶어서 떼를 쓰는구나."

• **아이 스스로 감정의 깊이를 정리하고 말로 표현하도록 도와주기**

상황 파악이 끝났다면 아이와 소통을 시작합니다. 아이가 상황을 말로 표현하도록 도와주세요. 떼쓰는 원인이 무엇인지, 그리고 그 원인이 얼마나 자신에게 영향을 주고 있는지 말로 표현할 수 있도록 하는 것이 중요합니다.

아이들에게는 언제나 '대안'이 필요합니다. 자신이 떼쓸 때마다 엄마가 화를 내거나 곤란한 표정을 짓는 것을 보면 아이는 자신의 떼쓰기가 잘못되었다는 것을 알게됩니다. 이렇게 아이가 잘못된 것을 인지한 이후가 더 중요합니다. 떼쓰기 대신 어떻게 마음을 표현해야 할지 모른다면 다시 떼쓰기 방법을 취할 수 있습니다. 올바른 표현 방법을 알고 있는 어른이 "이럴 땐 이렇게 말하는 거야."라고 알려주며 아이가 직접 말할 수 있도록 도와주세요.

> "장난감이 갖고 싶은데 갖지 못해서 너무 화가 나요."
> "엄마가 어제 사준다고 했는데 약속을 어겨서 너무 속상해요."
> "친구들은 이거 다 갖고 있는데 나만 없어요. 나도 갖고 싶어요."

• **요구를 들어줄 수 없는 이유 설명하기**

무조건 "안 돼."라고 하기보다 '왜 안 되는지' 설명해주세요. '말해도 못 알아들어요'라는 생각은 잠시 내려놓고, 반복해서 친절하게 설명해주는 것이 중요합니다. 한번에 이해하면 정말 좋겠지만 그럴 수 있었다면 떼를 쓰지도 않았을 겁니다. 이유를 설명해주지 않고 "안 돼."라는 한마디로 상황을 정리해 버린다면, 아이의 입장에서는 엄마도 떼쓰는 것처럼 느껴질 수 있습니다. 그저 "안 돼."라는 말만 반복하니까요.

또 이유 없이 "안 돼."라는 말만 들으면 아이는 전혀 배우는 것이 없습니다. 물론 '엄마가 무서워서', '엄마가 안 된다고 하니까' 하는 이유로 잠깐은 떼쓰기를 멈출 수 있습니다. 그러나 비슷한 상황이 발생하면 언제든지 떼쓰기는 또 나올 겁니다.

반면 아이가 떼쓰면 안 되는 이유를 한 번 이해하고 나면 비슷한 상황이 벌어지더라도 스스로 떼쓰기를 멈출 수 있는 힘이 생깁니다. 나중을 위해서라도 상황 설명은 반드시 필요합니다.

• 구체적인 계획 세우기

'지금 그 요구를 왜 들어줄 수 없는지'를 설명했다면, 아이가 다음을 기약하고 마음을 잘 추스를 수 있도록 '언제 어떤 방식으로 그 요구를 들어줄 수 있는지' 약속합니다. 약속은 구체적이고, 정확하며, 아이가 시도할 수 있는 것이 좋습니다. 약속을 지켰을 때 엄마를 향한 아이의 신뢰 또한 두터워집니다.

> "나중에 사줄게."
> "다음에 하게 해줄게."
>
> → "이번 주 일요일 저녁에 엄마랑 같이 할까?"

만약 지키지 못할 약속이라면 애초에 하지 말아야 합니다. 그럴 땐 솔직하게 해줄 수 없음을 설명합니다. 이때도 단순히 "그건 안 돼."라고 말하는 것이 아니라 안 되는 이유를 정확하게 설명해주는 것이 중요합니다. 이때 아이 마음을 달랠 수 있는 대안이 있다면 함께 말해줘도 좋습니다. 그러나 무조건 대안이 있어야 하는 건 아닙니다. 아이가 정말 속상해하거나, 마땅한 대안을 줄 수 있을 때 제시하면 됩니다.

> "우리집에서 강아지는 못 키워."
>
> → "강아지는 누군가가 항상 돌봐줘야 해. 엄마도 일하고, 아빠도 일해서 바쁘니까 지금은 강아지를 키울 수가 없단다. (정민이가 강아지를 정말 좋아한다면, 이번 주 일요일에 강아지를 볼 수 있는 카페에 같이 한번 가볼까?)"

• 잘 참은 아이를 칭찬하기

아이가 마음을 추스르고 꾹 참았다면 크게 칭찬해주세요. 이때 물질적인 보상의 칭찬보다는, 행동과 표정으로 전하는 진심어린 칭찬이 더 좋습니다. 그럼 예시와 함께 전체 내용을 정리해볼까요?

아이 : 으앙~ 엄마! 이거 사줘~! 엄마~

엄마 : 마루야, 이 장난감이 갖고 싶은 거야? (상황 파악하기)

아이 : 응! 지금 갖고 싶어.

엄마 : 얼마나 장난감이 갖고 싶은 걸까? (감정의 깊이를 정리하고 표현하도록 도와주기)

아이 : 엄청나게 갖고 싶어. 지금 당장 갖고 싶어.

엄마 : 그렇구나, 마루는 지금 장난감이 엄청나게 갖고 싶구나. (아이의 감정 인정하기) 그렇다면 그럴 때는 "엄마, 이 장난감이 엄청나게 갖고 싶어요."라고 말해보는 건 어떨까?

아이 : 엄마, 이 장난감이 엄청나게 갖고 싶어요!

엄마 : 그렇게 말해주니 정말 멋지다! 고마워. (칭찬하기) 하지만 오늘은 장난감을 사줄 수 없어. 왜냐하면 장난감을 사기로 약속하지도 않았고, 일주일 전에 이미 새로운 장난감을 사기도 했잖아. 그리고 마트에 올 때마다 장난감을 살 수는 없단다. (이유 설명하기) 대신, 한 달 뒤면 어린이날이네! 그때 장난감을 선물로 사줄게. (구체적인 계획 세우기)

아이 : 한 달 뒤요?

엄마 : 응. 토요일이 네 번 지나면 장난감을 살 수 있어.

아이 : 그럼 한 달 뒤에는 꼭 사주셔야 해요!

엄마 : 그래, 마루야. 약속할게. 엄마 상황을 이렇게 잘 이해해 주다니, 우리 마루 정말 멋지다! 최고야! (칭찬하기)

?! tip 일관된 태도 보여주기

훈육에서 가장 중요한 건 일관된 태도입니다. 사람이 많을 때와 적을 때. 어려운 사람이 있을 때와 없을 때. 엄마 기분이 좋고 나쁨에 따라. 장소에 따라. 아이가 떼쓰는 정도에 따라 등 상황에 따라 떼를 '받아주었다. 받아주지 않았다'를 반복하면 아이는 굉장히 혼란스러워 합니다. 또 이런 일이 반복되면 나중에는 아이가 상황을 악용하는 경우가 생길 수도 있어요. 예를 들어 '우리 엄마는 사람이 없을 때는 떼를 써도 들어주지 않지만. 사람이 많은 장소에서 떼를 쓰면 들어준다'는 것을 알게 되면 사람이 많은 장소에서만 떼를 쓸 수도 있습니다. 한 번 안 된다고 한 건 다음에도 안 되는 겁니다!

'울지 않아도 엄마는 네 마음을 알아'라고
느낄 수 있게 해주세요

사소한 일에도
세상이 끝난 듯이 울 때

초등학교 3학년 남자아이를 키우고 있습니다. 우리 아이는 아주 작은 일에도 세상이 끝난 것처럼 눈물을 흘립니다. 다치거나 아플 때 우는 건 기본이고, 친구가 자기를 놀렸을 때, 아끼는 장난감이 고장 났을 때, 수학 문제를 틀렸을 때, 어떤 날은 먹고 싶은 반찬이 없다고 운 적도 있습니다. 아이가 이럴 때마다 어르고 달래면서 "뚝 그치면 이거 해줄게, 저거 해줄게." 이런 식으로 회유하게 되더라고요. 그러면 안 된다는 걸 알지만요. 반면에 아이 아빠는 "뚝! 이런 일로 울면 바보야!", "왜 또 우는 거야? 그만 울어!"라며 아이를 다그칩니다. 남편 말로는 아이가 우는 것에 하나하나 다 반응하기 때문에 버릇처럼 우는 거라고 말해요. 네, 일부는 인정합니다. 그렇다고 우는 아이를 다그치는 것도 옳은 방법은 아닌 것 같아요. 친구들 사이에서 '울보'라는 별명이 붙은 우리 아이, 어쩌면 좋을까요?

어른도 때론 울고 싶은 순간이 있습니다. 열심히 작업한 컴퓨터 문서를 한순간에 날려버렸을 때, 새로 산 하얀 카펫 위에 아이가 물감을 쏟았을 때, 지각할 것 같은데 집에 휴대폰과 지갑을 두고 나왔을 때 등 상상만으로도 아찔한 순간들이 있지요.

이럴 때는 커피를 한 잔 마시거나, 신선한 바람을 쐬며 마음을 진정시킵니다. 머릿속을 한번 환기시키면 상황을 해결할 방법을 찾을 수 있으니까요. 어른이라면 이렇게 자신을 조절할 수 있는 힘이 있습니다.

하지만 아이들은 다릅니다. 자신의 속상하고 답답한 마음을 어떻게 표현하고, 다스려야할지 잘 모릅니다. 일단 눈물을 흘리면 상대방에게 자신의 감정을 강하게 전달할 수 있으니, 쉽고 익숙한 방법을 계속 찾게 되는 거지요.

잘 우는 아이, 이유가 뭘까요?

발달 과정에 있는 아이들은 자신이 느끼는 불편한 마음이 무엇 때문인지, 이 감정이 얼마나 강한 건지 감정 자체를 정의하고 이해하기 어렵습니다. 아직 감정이 세분화되지 않아서 '무서움', '슬픔', '놀람', '억울함' 등을 적절한 언어로 표현하기 어렵기 때문에 모든 부정 감정을 '울음'으로 단순하게 표현하는 것입니다.

혹시 아이가 울 때마다 과민하게 반응하고 요구를 들어주지는 않으셨나요? 그럴 경우 울음으로 모든 상황을 해결하려는 잘못된 소통 방식을 배웁니다. 때로는 아이의 울음에 모르는 척, 반응하지 않는 태도도 필요합니다.

또는 타고난 기질의 영향으로 감성이 아주 풍부한 아이일 수 있습니다. 어른들도 남들보다 유난히 감성적이고 잘 우는 사람이 있는 것처럼, 아이도 마찬가지로 울고 싶지 않은데 자신도 모르게 눈물이 나오는 겁니다.

아이가 울음을 터뜨리면 엄마는 '또 시작이구나….' 하는 생각과 함께 욱!하는 마음이 올라옵니다. 아이가 어떤 마음인지 궁금하기보다는, 이 상황이 끝났으면 하는 마음이 더 큽니다. 그래서 단호하게 꾸짖거나, 울음을 멈추기 위해 더 큰 소리를 내기도 합니다.

사실 아이의 눈물에는 과거, 현재, 미래의 이유가 모두 포함되어 있습니다. 우선 자신의 생각대로 되지 않은 과거 상황에 대한 분노가 담겨있습니다. 그리고 엄마의 눈초리를 받게 된 현재의 불편한 마음이 눈물을 더합니다. 또 미래에도 자신의 의견이 절대로 받아들여지지 않을 것 같은 불안함과 속상함이 함께 작용한 것입니다.

울보 아이, 어떻게 도와줄 수 있을까요?

• 아이의 감정을 읽어주고 공감하기

먼저 아이가 어떤 감정인지 파악합니다. 그다음 말과 행동으로 표현하여 공감해 주세요. 아이 스스로 감정을 인지하고 잘 해소하도록 도와주어야 합니다. 울음을 그치게 하려고 아이가 원하는 것을 들어주거나 혼을 낸다면 당장 눈물은 멈출지 모릅니다. 그러나 감정은 해소되지 않은 채 아이의 마음속에 쌓입니다. 그렇게 되면 같은 상황에서 아이는 또 울음을 터뜨릴 겁니다.

"울면 바보야! 뚝! 그만 울어!"
"그래, 엄마가 해줄게!"

→ "지금 슬퍼서(억울해서/속상해서/화가 나서/깜짝 놀라서) 눈물이 나는구나."

• 아이가 진정할 때까지 기다리기

어떤 상황이든 빨리 해결되는 상황은 없습니다. 특히 육아는 더 그렇지요. 아이가 울음을 터뜨렸다면 진정할 때까지 기다려 주는 것도 중요합니다. 이때 아이를 방치하거나 혹은 안절부절못하며 달래는 것은 좋지 않습니다.

사람들이 많은 장소일 경우 아이가 편하게 감정을 표현할 수 있는 공간으로 이동합니다. 그리고 아이를 안아주며 마음을 가라앉힐 수 있는 시간을 주세요. 우는 아이를 기다리는 것은 생각보다 어렵지만, 아이가 진정되어야 비로소 더 많은 이야기를 주고받을 수 있습니다.

"엄마는 바로 옆에 있을게. 눈물이 멈추면 말해줘."

• 울었던 이유를 생각해보고, 다음에는 어떻게 하면 좋을지 고민하기

눈물을 멈춘 후, 왜 울었는지 함께 되짚어봅니다. 이렇게 상황이 끝난 후에라도 말로 상황을 설명하다 보면, 울음이 아닌 말로 감정을 표현하는 데 점점 익숙해집니다. 이때 엄마의 도움으로 내용과 표현을 구체화하는 것이 중요합니다.

엄마 : 승주야, 왜 눈물이 났어? (감정 파악하기)

아이 : 속상해서!

엄마 : 승주는 왜 속상했어? (이유 파악하기)

아이 : 시원이가 내 물건을 함부로 만졌어!

엄마 : 그렇구나, 시원이가 승주 물건을 함부로 만져서 속상했구나. 그러면 다음에 시원이가 또 물건을 함부로 만지면 어떻게 말할 수 있을까? (문제해결 방법 찾기)

아이 : 나한테 허락받고 만지라고 말 할래요.

엄마 : 멋진 생각이다! 다음에는 "내 물건이니까 나한테 허락받고 만졌으면 좋겠어."라고 말해보자!

툭하면 우는 아이 때문에 엄마는 지칠 대로 지쳤습니다. 그래서 아이가 울음을 그치기까지 걸리는 시간이 줄어든 것을, 울음을 참으려고 노력하는 아이의 모습을, 세 번 울 걸 두 번만 울었으니 엄마에게 칭찬받을 거라 기대하는 아이의 눈빛을 놓칠 수 있습니다.

그렇기 때문에 우는 아이의 감정과 이유를 파악하고, 공감하며, 해결책을 찾는 과정을 시도하고 또 시도해야 합니다. 물론 한 번의 노력만으로 아이가 바로 바뀌지는 않을 겁니다. 그렇지만 아이 마음속에는 '내가 운다고 해결되는 건 없구나', '내가 울음으로 표현하지 않아도 엄마가 내 마음을 알아주는구나'라는 생각이 쌓여 조금씩 울음이 줄어들고, 건강하게 자신의 감정을 표현하는 아이로 성장할 겁니다.

?!tip 눈물을 대신할 것 찾아주기

아무리 기다려도 당장 차오르는 아이의 눈물을 멈출 길이 없다면? 잠깐 동안이라도 눈물을 멈출 수 있도록 눈물을 대신할 것을 찾아봅니다. 예를 들어 마음속으로 5초 세기, 즐거웠던 일 생각하기, 마음속으로 좋아하는 노래를 부르기 등 잠시만 눈물과 멀어지는 겁니다. 순간적으로 차올랐던 감정에서 한 발짝만 멀어지면, 극대화되었던 아이의 감정이 조금 잦아드는 것을 느낄 수 있습니다. 그리고 다음 솔루션을 이어나가면 됩니다.

문제 행동은 통제하고
감정에는 공감해주세요

조금만 화가 나도
감정을 주체하지 못할 때

초등학교 2학년 아들을 키우고 있습니다. 엄마인 제가 우리 아이가 무섭다면 믿으실까요? 저희 애는 화를 주체하는 법을 모릅니다. 사소한 일로도 화를 내니, 저도 항상 불안하고 조마조마해요. 장난감을 잘 가지고 놀다가도 자기 마음대로 되지 않으면 장난감을 부숴버려요. 그뿐만 아니라 과격하게 소리를 지르고 주변에 보이는 물건들을 마구 집어 던질 때도 있어요. 작은 일에도 쉽게 흥분하는 아이를 타일러도 보고, 따끔하게 혼내기도 했지만 그때뿐이네요. 어느 날은 제게 "엄마, 제 마음속에 화산이 있는 것 같아요."라고 말하더라고요. 그 말을 들으니 마음이 너무 무거웠어요. 아이도 끓어오르는 화를 어떻게 할지 몰라서 제게 도움을 요청하는 것 같아요. 어떻게 도와줄 수 있을까요?

교육 현장에서 만났던 초등학교 2학년 남자아이가 생각납니다. 그 아이는 화날 때마다 "윽!", "씩!", "으악!" 소리를 내며 바닥에 드러눕거나, 무거운 물건을 들어 올려 던지려는 시늉을 했습니다. 또 "저는 폭발하면 미쳐버려요!"라고 외치기도 했습니다.

 그 모습을 보면서 '주변 사람들이 이 아이를 참 많이 오해하겠다'고 생각했습니다. 아이는 물건을 던지려는 시늉만 할 뿐 실제로 던지지는 않았고, "윽! 씩!" 하는 소리를 내지만 실제로 누군가에게 소리지르는 건 아니었습니다. 타인에게 직접적인 피해를 주지는 않았지만, 문제 행동으로 인식되어 아이의 화를 주변 사람들이 받아주거나 이해해주지 못했습니다. 하지 말라는 말을 앞세우는 어른들은 정작 아이에게 '왜 그리 화가 났는지'는 묻지 않았죠.

 저는 아이와 대화하면서 어떤 상황에서 화가 나는지 듣게 되었습니다. 아이는 누군가 자신의 물건을 함부로 만졌을 때, 친구들이 자신을 놀리는 것처럼 말할 때, 지나가는 사람과 부딪쳤을 때 화가 폭발해서 터져버린다고 말했습니다. 저는 "그럴 땐 불편한 마음을 참지 말고 있는 그대로 '부딪쳐서 좀 불편했어', '말하고 가져가 줘'라고 말해보자."고 제안했습니다. 그랬더니 아이는 화날 때 대처하는 자신만의 방법을 말해주었습니다.

1단계 : 내 마음을 말한다.
2단계 : 다시 말한다.
3단계 : 내가 좋아하는 그림을 그리면서 마음을 가라앉힌다.

 자신의 생각과 마음을 말로 표현하고, 상대방이 자신의 마음을 이해하지 못했을 때 다시 한 번 말하는 용기, 그리고 상황이 달라지지 않을 경우 자신에게 집중하여 마음을 가라앉히려는 노력을 하면 화나는 마음을 스스로 이겨낼 수 있다는 뜻이었습니다. 올바르지 않게 감정 표출을 하는 아이였지만, 마음속에는 자신이 무엇을 어떻게 해야 하는지 알고 있다는 것이 놀라웠습니다.

 화를 주체하지 못하는 아이는 불만, 분노 등의 감정을 올바르게 표출하는 방법을 모르고 있는 겁니다. 또는 이런 감정을 잘못된 방식으로 표현했을 때 부모님으로부터 적절한 지도를 받지 못해 과격한 행동으로 굳어졌을 수도 있습니다.

아이의 연령이 24개월 미만이라면 물건 등을 던지는 것도 발달 과정의 하나이기에 크게 걱정할 상황은 아닙니다. 하지만 사회적인 규범과 규율을 지켜야 할 나이인데도 분노 조절이 쉽지 않다면 부모님의 확실한 지도가 필요합니다. 사실 아이의 화는 엄마에게 보내는 '나 좀 도와주세요'라는 신호입니다.

왜 화를 참지 못하는 걸까요?

아이가 화를 참지 못하는 이유는 다양합니다. 먼저 왜 그런 상황에 처했는지 이해하고 그에 알맞게 훈육을 진행하는 게 중요합니다. 예를 들어볼까요? 첫 번째, 아이의 타고난 기질 때문일 수 있습니다. 아이가 어렸을 때부터 감정 변화의 폭이 큰 편이었다면 기질을 인정하며 섬세하게 감정 소통을 해야 합니다.

> "형은 안 그러는데 너는 도대체 왜 그러니? 도대체 왜!"
>
> → "화가 많이 났구나, 이렇게 화가 난 이유가 무엇일까? 엄마가 도와줄게."

두 번째, 분노를 올바르게 해소하는 방법을 몰라 실수하고 있을 수 있습니다. 이 경우엔 분노를 해소할 수 있는 다른 출구가 필요합니다.

> "내가 던지지 말라고 했지? 몇 번이나 말해!"
>
> → "아무리 화나도 던지는 건 안 돼. 속상한 마음을 없앨 방법을 고민해보자."

세 번째, 가치 판단을 흐리게 하는 폭력적인 영상에 노출되었을 수 있습니다. 요즘 아이들은 TV, 핸드폰을 통해 이른 나이에 영상물을 접하게 됩니다. 집에서는 'TV 시청시간 제한하기', '핸드폰은 몇 시까지만 보기' 등 규칙을 만들 수 있습니다. 그러나 아이들이 집을 나서면서부터는 아무리 제한하려 해도 한계가 있는 것이 현실입니다. 아이에게 "이런 거 보면 안 돼!"라고 말하는 것으로는 부족합니다. 어쩌면 이런 영상들을 분별하고 적절하게 이해하는 영상 이해 교육이 더 중요한 시대가 된 것 같습니다.

"이런 거 보지 말라고 했지? 얼른 끄지 못해? 이리 줘!"

→ "무슨 내용이야? 어머! 이렇게 표현하는 건 옳지 않아. 이런 상황에서는 이렇게 말하는 것이 좋아."

아이의 분노 표출에 영향을 주었던 많은 요소들을 생각해 봅시다. 아이들은 모방하며 배우고 자기화합니다. 매체, 주변 친구, 어른들에게 받은 영향을 생각하며 아이를 이해하는 것부터 시작하면 좋겠습니다.

아이가 화낼 때 어떻게 대처할까요?

• 문제 행동 통제하기

아이가 화를 내면서 흥분했을 때는 정확하고 단호하게 통제하는 것이 가장 먼저입니다. 물건을 던지거나 과격하게 화를 표출할 경우, 우리 아이뿐만 아니라 주변의 다른 사람들에게까지 피해를 입힐 위험이 있습니다. 또 감정이 격한 상태에서는 제대로 된 의사소통을 할 수 없습니다.

효과적인 통제를 위해서는 언어적인 방법과 비언어적인 방법 두 가지가 모두 필요합니다. 언어적인 방법은 "안 돼!" 하고 정확하고 단호한 목소리로 간결하게 말하는 것입니다. 빠르고 짜증이 섞인 말투로 반복해 말하거나, 작게 속삭이며 말하는 것이 아닌 정확하고 단호한 목소리로 말하는 것이 중요합니다.

"안 돼, 안 돼, 안 돼."

→ "멈춰. 그 행동은 안 돼!"

비언어적인 방법은 아이의 눈을 정확하게 바라보면서 아이의 양팔을 잡는 것입니다. 아이가 아플 정도로 너무 세게 잡지는 말고, 아이를 통제할 수 있는 정도로만 잡으면 됩니다. 이 과정은 아이가 감정을 가라앉히고 진정하도록 돕기 위함입니다.

방금 소개한 언어적인 방법과 비언어적인 방법, 이 두 가지는 반드시 동시에 이루어져야 하는데요. 두 가지가 따로 진행되면 부작용이 발생할 수 있습니다. 가령 비언어적인 방법 없이 그냥 저 멀리서 "안 돼! 안 된다고 했지?"라고 한다면 아무리 단호하게 외쳐도 아이는 말을 듣지 않을 겁니다. 반대로 말이 생략된 상태에서 아이의 팔을 꽉 붙들고 매서운 눈으로 아이를 쳐다보면 아이는 강압적인 엄마의 태도에 패배감이 들고, 이는 자존감 저하로 이어질 수 있습니다.

• 3단계 공감법으로 아이의 감정 공감하기

아이가 어느 정도 진정되었다면 대화를 시도합니다. 아이 스스로 상황과 감정을 인지할 수 있도록 도와주고 화가 날 수 있는 상황임에 공감해주세요. '어떤 이유'로 '어떤 감정'을 느껴서 '이렇게 행동하게 되었는지' 아이의 이야기를 들어주면 됩니다. 혼내거나 다그치는 말투가 아닌 진심을 듣기 위해 소통하는 말을 사용해주세요.

"왜 이 물건을 던진 거야?"
"그래서 어떤 기분이 들었어?"

아이의 감정 상태와 상황을 확인할 수 있는 질문을 던집니다. 그 후에는 아이의 감정에 공감해주세요.

1. 공감법 1단계 : "아, 그렇구나." 일반적 공감하기

말 그대로 아이 말에 동의하는 추임새를 넣는 겁니다. 일반적 공감에 성공했다면 다음 단계까지 나아갑니다. 일반적 공감만 하고 공감을 멈추면 우리 아이는 '엄마가 지금 내 마음을 정말 아는 걸까?' 하는 의구심을 가질 수 있기 때문입니다.

"(아이를 바라보지 않고 건성으로) 아, 그래? 그래도 이렇게 했어야지."

→ "(아이의 눈을 바라보며 진심으로) 아, 그렇구나! 민지가 많이 힘들었겠구나."

2. 공감법 2단계 : "누구나 그럴 수 있어." 보편적 공감하기

아이가 '나만 잘못한 거야', '나만 이러는 거구나'라고 생각하지 않도록 도와주어야 합니다. 아이가 보편적 공감을 듣게 되면 '나뿐만이 아니라 다른 사람들도 이런 실수를 하는구나'라고 생각하며 죄책감을 덜 수 있습니다. 그러면 이후 엄마의 말을 받아들이는 마음의 문도 열어줄 수 있습니다.

"퍼즐을 못 맞출 수도 있지. 왜 그걸로 화를 내?"

→ "퍼즐이 안 맞아서 화가 나는구나. 맞아, 열심히 했는데 안 되면 너무 속상하지."

3. 공감법 3단계 : "엄마도 그랬었어." 거울 공감하기

가장 어렵고도 중요한 세 번째 공감입니다. 훈육하는 어른이 "나도 그랬었어."라고 말하면 아이는 마음에 위안을 얻습니다. 엄마아빠의 고민을 들으면서 아이는 스스로 '이럴 때는 이렇게 할 수 있겠구나' 하는 교정 행동을 생각해 볼 수 있습니다.

"넌 도대체 누굴 닮아서 그러니? 내가 널 그렇게 가르쳤어?"

→ "엄마도 사실은 세 번이나 그런 실수를 한 적이 있어."

물론 물건을 던지거나, 친구를 때리는 등 잘못된 행동에 대해서는 단호하게 '그건 해서는 안 되는 행동'임을 말해주어야 합니다. 대부분의 부모님은 여기서 마무리하지만 이제 한 걸음 더 나아가 아이가 왜 화를 내게 되었는지 공감해주면 좋겠습니다. 그때야 비로소 아이는 자신의 감정을 해소하고 올바른 방법을 스스로 생각해 볼 수 있습니다.

• 화가 난 격한 감정 가라앉히기

아이가 너무 화가 나서 흥분해있을 때 잠시 그 감정에서 멀어질 수 있도록 도와주는 것이 좋습니다. 그 방법에는 몇 가지가 있습니다.

1. 잠시 동안 숨을 참고 감정을 다스려봅니다.
   "속으로 딱 6초만 세어봐. 폭발할 것 같은 마음이 점점 가라앉을 거야."

2. 숫자를 거꾸로 세면서 다른 것에 집중해봅니다.
   "엄마랑 같이 숫자를 거꾸로 세어볼까? '거꾸로 숫자 마법'을 써서 화나는 마음을 물리쳐보자."

3. 분노를 숫자로 척도화합니다.
   "화가 많이 난 것 같아. 1부터 100까지 중에 얼마만큼 화났어?"

• 분노를 기록하며 감정 변화의 흐름 살펴보기

분노를 기록해봅시다. 분노를 기록하다 보면 아이 스스로 무엇을 불편해하는지, 참을 수 없어하는지, 싫어하는지 알게 됩니다. 이때 다양한 감정 단어를 활용하여 마음을 명명해보세요. 이 과정에서 '화'는 다른 감정으로 변화합니다. 하나의 에피소드를 '화'로 끝내지 말고, 감정 변화의 흐름을 살펴보며 함께 이야기 나눠보세요.

엄마가 내 말을 안 들어줘서 화가 났다.
엄마에게 왜 말을 안 들어주냐고 물었더니 못 들었다고 말씀하셨다.
앞으로는 엄마가 나의 말을 잘 들어주겠다고 하셔서 기분이 풀렸다.

옳지 않은 분노 표현은 아이의 사회성 및 대인관계를 악화시킬 가능성이 매우 높기 때문에 마음이 아프더라도 모른 척 하지 말고 꼭 훈육해주시기 바랍니다.

감정을 전달하는 것에도
기술이 필요해요

무표정 때문에
오해받을 때

저는 7살 딸을 키우고 있어요. 우리 아이는 어렸을 때부터 표정 변화가 없는 편이었는데 아이마다 특성이 다를 수 있으니 크게 걱정하진 않았어요. 그런데 최근 들어 아이가 표정 때문에 오해받는 일이 발생하더라고요. 지난주 아이의 생일 파티에 유치원 친구들을 초대했는데 아이는 친구에게 생일 선물을 받고 선물이 마음에 들었는지 잘 때도 머리맡에 두고 자더라고요. 그런데 며칠 뒤 선물을 준 아이의 엄마에게서 이런 이야기를 들었어요. 친구는 선물을 정말 열심히 골랐는데 우리 아이가 별로 안 기뻐해서 많이 속상해했다고요. 사실 저희 아이는 그 선물을 정말 좋아했는데 말이죠. 앞으로도 종종 이렇게 무표정 때문에 오해받는 일이 있을 것 같은데 어쩌면 좋을까요?

선물을 받아도 무표정, 친구가 고맙다고 해도 무표정인 아이. 고개만 살짝 끄덕여줘도, 살짝 미소만 지어줘도 좋겠는데 그게 참 어려운가봅니다. 하지만 감정이 없어서 무표정인 것이 아닙니다. 아이의 무표정 속에 어떤 의미가 담겨있는지 살펴볼까요?

표정은 얼굴 근육을 이용해서 생각이나 감정을 표현하는 수단입니다. 한 연구에 따르면 우리 얼굴에는 7,000개 이상의 표정을 지을 수 있는 근육이 있다고 합니다. 그래서 굳이 말하지 않아도 표정으로 의사소통을 할 수 있는 것이죠.

만약 아무 표정도 짓지 않고 무표정으로만 있으면 당연히 오해를 사는 상황이 많이 생길 거예요. 속상한 일이지만 받을 것도 못 받고, 먹을 것도 못 먹는 일이 생길 수 있습니다. 표정이 엄청나게 풍부하고 많아야 하는 건 아니지만 친구에게 선물을 받았을 때는 미소를, 친구가 내 물건을 뺏어갔을 때는 화난 표정을 지어야 나의 진짜 마음을 잘 전달할 수 있겠지요.

왜 우리 아이는 무표정한 걸까요?

무표정한 아이들은 평소에 마음이 편하지 않은 경우가 많습니다. 양육자의 성향이 다소 강압적이어서 억압이나 제지를 많이 당한 경우 이런 모습을 보일 수 있습니다. 반복되는 제지 속에서 아이는 눈치를 보게 되고, 자신의 감정을 자유롭게 표현하지 못하면서 표정을 잃는 것입니다. 그동안 아이를 강압적으로 대했다면 아이가 마음을 편하게 가질 수 있도록 부드럽게 소통하려 노력해주세요.

"(아이가 어떤 행동을 하기도 전에 엄한 표정과 말투로) 버스니까 조용히 해."

→ "(미소 띤 모습과 온화한 말투로) 버스는 많은 사람이 함께 이용하는 공간
이라서 우리가 소곤소곤 말해야 해."

무표정한 아이를 위한 솔루션

• 놀이를 통해 표정 연습하기

1. 거울 놀이

오랜 시간 무표정을 유지한 아이라면 어떻게 표정을 짓는지조차 잊었을 수 있어
요. 그럴 때 엄마와 함께하는 표정 놀이가 큰 도움이 된답니다. 아이는 엄마의 표
정, 행동, 말투를 많이 따라하기 때문이죠. 엄마와 아이가 서로의 거울이 되어 표정
을 따라하는 놀이를 하면 좋습니다. 웃는 표정, 찡그린 표정, 우는 표정, 미소 띤 표
정 등 다양한 표정을 지어보세요. 서로를 바라보고 해도 되고, 거울을 보며 해도 좋
고, 사진도 같이 찍으며 얼굴 근육을 풀어줍니다.

2. 캐릭터 놀이

만약 엄마 역시 표정을 짓는 데 자신 없다면 이모티콘이나 동화책 속 캐릭터를 활
용해보세요. 이모티콘이나 동화책 속 캐릭터는 상황과 감정에 따라 표정이 정말 잘
표현되어 있어요. 물론 실생활에서 짓기에는 과장된 표정들도 많지만 그렇기에 더
얼굴 근육을 많이 쓸 수 있지요. 캐릭터의 표정을 따라 흉내 내다보면 점점 자연스
럽게 다양한 표정을 사용할 수 있게 된답니다.

• 플러스 화법 연습하기

무표정한 아이가 오해받는 일을 줄이려면 '플러스 화법'이 꼭 필요합니다. 플러스
화법이란 '이 정도면 내 마음이 충분히 전달됐겠지'에서 한두 문장을 더해 표현하는
것입니다. 표정에서 부족한 의사소통을 말로 채우는 것이지요. '까닭'과 '감정'을 추

가하여 말하면 더욱 구체적으로 표현할 수 있어요.

아이와 함께 까닭과 감정 단어를 쓰는 것을 연습해보세요. 감정을 전달하는 방법에는 표정, 말투, 행동으로 표현하는 방법도 있지만, 감정 단어 자체를 활용할 수도 있습니다. "기대 돼.", "즐거워.", "뿌듯해." 등 말로 표현하면 표정이 드러나지 않아도 감정을 잘 전달할 수 있지요. 까닭 또한 구체적일수록 진실함이 더해지고 듣는 상대방에게도 마음이 더욱 잘 전달됩니다.

> "고마워."
>
> → "이거 내가 정말 갖고 싶었던 건데, 네가 선물해줘서 (까닭) 정말 고마워. 진
>   짜 좋아! (감정 표현)"
>   "내가 제일 좋아하는 게 떡볶이인데, 사줘서 고마워. (까닭) 또 같이 이야기
>   해서 정말 즐거웠어. (감정 표현) 다음엔 내가 사줄게."

표정도 다양하고, 말도 잘하면 더없이 좋겠지요. 하지만 이건 엄마의 바람일뿐, 우리 아이들은 모두 각자의 색을 가지고 있어요. 아이의 본래 모습을 존중해주는 것이 가장 중요하고, 부족한 부분을 채울 수 있게 도와주는 것은 그다음입니다. 옆에서 차근차근 알려준다면 우리 아이만의 색이 더 멋지게 빛날 거예요. 아이의 옆에서 한 걸음씩 함께 걷다보면 우리 아이가 그리는 예쁜 그림을 보실 수 있을 겁니다.

자신의 마음을 편안하게
표현하도록 도와주세요

"힘들다", "슬프다"
부정 감정을 표현하지 않을 때

초등학교 2학년 여자아이를 둔 아빠입니다. 저희 아이는 "힘들다.", "슬프다.", "속상하다." 등 부정적인 감정을 절대 표현하지 않아요. 처음에는 '긍정적인 아이구나'라고 생각했는데요. 표현을 하지 않을 뿐이지 누구보다 상처도 잘 받고 오래 기억하더라고요. 학교에서 무슨 일이 생겨도 모른다는 말로 일관합니다. 그렇게 참고 참다가 갑자기 눈물을 펑펑 흘려요. 부정적인 감정을 제때 해소해주지 않으니 아이가 더 힘들어하는 것 같아요. 부정 감정을 부정하는 우리 아이, 어떻게 하면 좋을까요?

매일 기쁘고 신나는 일만 있다면 정말 좋겠지만 우리 인생은 그렇지 않습니다. 속상한 일, 억울한 일, 화나는 일 등 마음을 아프게 하는 일도 비일비재하게 일어나죠. 누군가는 '덮어버리면 그만이야'라고 말하겠지만 그렇지 않아요. 물론 그 순간은 넘어갈 수 있겠지만, 부정 감정을 자꾸 감추다보면 남들은 내 마음을 전혀 모르게 됩니다. 그럼 상황이 해결되지 않거나, 불편한 상황이 계속 반복되기도 하죠.

우선 부모가 아이의 부정 감정을 부정한 적이 있었는지 살펴볼 필요가 있어요. "그런 말을 굳이 왜 해?", "혼난 게 자랑이다!" 등 무심코 할 수 있는 말이지만 아이는 '아, 이런 말들은 하지 않는 거구나'로 학습했을 겁니다. 이렇게 엄마가 아이의 부정 감정을 부정하는 소통을 해왔다면 지금부터라도 꼭 멈춰야 합니다.

> "혼난 게 무슨 자랑이라고 말하는 거야?"
>
> → "혼나서 기분이 많이 속상했겠구나. 다음부터 혼나지 않으려면 어떻게 하면
>   좋을까?"

이유야 어쨌든 아무 말도 하지 않는 아이에게 답답함을 느끼는 엄마는 "싫으면 싫다고 해!", "울어도 돼!"라고 말하겠지요. 궁극적으로는 그렇게 되어야 하는 게 맞아요. 하지만 아이 입장에서 갑자기 부정 감정을 인정하고 표현하는 것은 너무 어려운 일입니다.

또 부정 감정 중에서도 '슬픔'에 대해서만 표현이 어려운 아이들도 있어요. 감정 표현이 어려운 부분은 아이들마다 가지고 있는 이유가 있어요. 아이가 힘들어하는 감정 표현은 무엇이 있는지 한번 떠올려보세요.

아이의 부정 감정, 어떻게 표현하도록 도울까요?

• 긍정 감정, 부정 감정과 함께 세상에 존재하는 다양한 감정 알아보기

부정 감정을 부정하는 아이에게는 부정 감정도 필요하다는 것을 인지시키는 것이 중요합니다. 부정 감정은 모른척하고 없애야 하는 감정이 아니라 소중하게 포용해야 하는 감정이지요. 하지만 부정 감정이 어려운 아이에게 처음부터 부정 감정만 잔

뜩 늘어놓으면 벌레를 싫어하는 아이 앞에 벌레를 잔뜩 가져다 놓는 것과 똑같아요.

첫 시작은 '긍정, 부정 감정을 포함한 다양한 감정 어휘 익히기'로 시작하는 것이 좋습니다. 다양한 감정의 표정, 단어 등을 눈으로 보고 입으로 말하며 친해지는 시간을 갖는 거예요. 여러 감정 단어로 빙고게임을 해도 좋고, 다양한 표정의 그림이나 사진을 보고 어떤 감정인지 맞추기, 감정 언어로 문장 만들기 등 긍정, 부정 감정 어휘를 자꾸 사용하며 익숙해지게 해주세요.

> "(화난 얼굴을 보여주며) 이건 화난 감정이야. 너는 언제 화가 났어?"
> "(다양한 감정 표정을 뒤집어 놓고) 뒤집어서 나오는 얼굴을 보고 어떤 감정
> 인지 빨리 맞춰보자!"

• 부정 감정은 일상적이며 해소될 수 있음을 보여주기

부정 감정이 자연스럽지 않다고 느끼거나 부정 감정에 빠지는 것에 막연한 두려움을 느끼는 아이들도 있습니다. 이런 경우 엄마가 부정 감정을 똑똑하게 표현하는 것이 중요합니다.

크게 어렵지 않아요. 부정 감정을 표현하되 의미를 부여하거나, 긍정적인 방향으로 생각할 수 있도록 틀을 마련해주면 됩니다. 그러면 아이는 일상생활에서 부정 감정이 자연스럽게 발생할 수 있다는 것과, 부정 감정을 긍정적으로 변화시킬 수 있다는 것을 간접적으로 알게 됩니다.

> "엄마는 오늘 설거지 하는 거 정말 힘들고 짜증났어."
>
> → "엄마는 오늘 설거지가 많이 힘들었어. 그래도 설거지하고 나니 주방이 무
>   척 깨끗해져서 (의미부여) 뿌듯하더라! (긍정적인 방향으로 생각하기)"

> "엄마 오늘 친구랑 싸워서 엄청 속상했어."
>
> → "엄마는 오늘 친구랑 싸워서 엄청 속상했어. 하지만 내일 엄마가 먼저 미안
>   하다고 사과하려고 해. (긍정적인 방향으로 생각하기)"

• 일과를 마치면서 감정을 표현하고 정리하는 습관 들이기

아이가 엄마의 부정 감정 표현을 불편해하지 않고 듣기 시작했다면, 잠자리에 누웠을 때 하루 일과를 나누는 습관을 들입니다. 물론 이때 부정 감정만 말할 필요는 없습니다. 편안한 마음으로 하루를 정리하며 좋았던 일, 슬펐던 일을 나누며 아이와 소통하는 거지요.

> "엄마는 오늘 엄청 맛있는 빵을 먹어서 기분이 좋았어. 그리고 퇴근길에는 차가 너무 막혀서 힘들었어. 그래도 집에 오니까 좋다. 너는 오늘 뭐했어?"

> "엄마는 오늘 너무 졸려서 약간 짜증이 났었는데, 너도 짜증났던 적이 있어?"

긍정적인 감정부터 시작해서 아이가 부정적인 감정을 표현할 수 있는 질문을 유도하며 발전시켜갑니다. 아이마다 변화 속도는 다릅니다. 중간에 "왜 너는 말을 안 하니?" 하며 강압하지 않았으면 좋겠습니다. 이 과정에서 아이가 부정 사건과 감정을 표현하기 시작한다면 "그럴 수 있지. 엄마도 그랬던 적이 있어."라고 의연하게 들어주세요.

tip 잠자리 감정 TALK 규칙

1. 주변 환경을 편안하게 만들고 이야기를 시작한다.
2. 취조하는 말투나 표현을 사용하지 않는다.
3. 엄마의 이야기를 먼저 꺼내고 아이의 이야기를 기다려준다.
4. 아이에게 부정 감정 소통을 강요하지 않는다.
5. 아이의 표현을 귀담아 듣고 공감해준다.

아이의 "싫어요"에는 생각보다 많은 의미가 있어요

무엇이든지 다 싫다고 할 때

> 이제 막 초등학생이 된 아들을 키우고 있습니다. 우리 아이는 "싫어!"라는 말을 입에 달고 살아요. 밥 먹는 것도 싫다, 손 씻는 것도 싫다, 옷 입는 것도, 학교 가는 것도 뭐든지 다 싫다고 대답합니다. 이제는 저도 아이가 진짜로 싫어서 싫다고 하는 건지, 아니면 그냥 입버릇처럼 말하는 건지 헷갈려요. 어쩔 때는 저를 약 올리려고 일단 "싫어."라고 말하는 것 같아요. 정말이지 계속 듣다보면 하루에도 몇 번씩 화가 나는데요. 참다 참다 결국엔 소리를 지르게 돼요. 어떡하면 좋을까요?

학교 갈 시간은 다가오는데, 초조하고 급한 건 엄마뿐입니다. 아이는 "싫어"만 외쳐대고 있고, 이렇게 시간을 지체하면 지각할 것이 뻔하니 엄마는 기다릴 여유가 없습니다. 결국 소리를 지르는 것으로 아침 등교 준비는 마무리됩니다.

엄마이기 때문에 참고 버티며 아침을 보낸다지만, 아이의 '싫어요 병'이 밖에서도 이어질까봐 걱정입니다. 그러다가 선생님께 "아이가 요즘 싫다는 이야기를 많이 하고 매사에 적극적이지 않아요."라는 말을 듣기라도 하면 엄마는 더 화가 납니다.

세상에 하고 싶은 일만 있으면 얼마나 좋을까요? 하기 싫은 아이 마음, 충분히 이해가 갑니다. 하지만 사사건건, 시시때때로 모든 것을 싫어하면 곤란하죠. 건강을 위해서, 함께 더불어 사는 공동체 생활을 위해서, 때로는 타인을 위해서 하기 싫어도 해야 하는 일들이 있습니다.

아이가 "하기 싫어요!"라고 말할 때, 억지로라도 하게 하려고 화를 낼 때도 있을 겁니다. 그런데 이렇게 엄마와 아이 사이에 지속적으로 마찰이 생긴다면, 서로 신경이 예민해져서 소통 자체가 불편해질 가능성이 있습니다.

'싫어요 병', 어떻게 고칠 수 있을까요?

• "싫어요"의 이유 찾기

아이가 싫다고 말할 때 싫은 이유를 파악하는 건 생각보다 중요합니다. 아이들은 "싫어요."라는 세 글자 안에 굉장히 많은 이야기를 담기 때문입니다.

첫 번째, 특정 상황에 트라우마나 좋지 않은 기억이 있는 경우입니다. 밥을 먹다가 체했던 기억으로 밥을 먹기 싫어하는 아이, 무대에서 실수했던 경험 때문에 발표가 싫은 아이 등 엄마는 대수롭지 않게 넘겼던 순간들이 아이의 기억 속에는 깊이 남아있을 수 있습니다.

이런 경우라면 아이가 싫어하게 된 원인은 무엇이고, 그때 느꼈을 기분을 공감해주는 소통을 자주 해야 합니다. 감정의 해소가 첫 번째인 것입니다. 그 이후에 '그럼에도 불구하고 이것을 해야 하는 이유'와 '극복할 수 있는 다양한 방법'을 알려주며 계속 응원하고 지지해주세요.

두 번째는 완벽한 걸 좋아하는 아이인 경우입니다. 내가 잘하지 못할 것 같다면 "싫어요!"라고 이야기하는 거죠. 이럴 때는 진입장벽을 낮춰서 쉽게 할 수 있도록 만들어주거나, 할 수 있는 것부터 시작하게 하는 것이 좋습니다.

또 결과가 아닌 과정에 집중해 칭찬하는 것도 중요합니다. 결과 중심적으로 칭찬하면 아이는 과정의 즐거움을 알 수 없습니다. 또한 '좋은 결과'에 집착하기 때문에 승부욕이 지나치게 강해질 수 있죠. 만약 실패하거나 스스로 부족하다고 느낄 경우, 만족감 대신 실망감에 사로잡혀 재도전하는 걸 주저하게 되기도 합니다. 1부터 10까지의 과정 속에 1~9까지는 괴롭고 10만 즐거운 상황이 되는 것은 곤란합니다. 무슨 일이든 과정이 즐거워야 오래 할 수 있습니다.

세 번째는 지금 하기 싫은 상황입니다. 반복적인 "싫어요."의 대표적인 이유인데요. '화장실을 지금 가야 한다 vs 가고 싶지 않다', '밥을 지금 먹어야 한다 vs 먹고 싶지 않다', '외투를 입어라 vs 입지 않겠다' 등 너무나 다양한 상황이 펼쳐집니다. 이런 경우라면 조금 더 기술적인 솔루션이 필요합니다. 다음 내용을 통해 알아보겠습니다.

> "엄마 말 좀 들어라! (아이가 하기 싫어하는 이유를 묻지도 않은 채 그냥 하라고 하기)"
>
> → "왜 하기 싫은 거야? (아이에게 이유를 물어보거나, 주의 깊게 관찰하여 이유를 확인하기)"

• 서로의 의견 조율하기

"싫어요."가 벌어지는 상황은 아주 다양하기 때문에 해결책 또한 다양합니다. 크게 아이의 의견을 더 들어줄 수 있을 때와 부모의 의견을 고수해야 할 때로 나눌 수 있습니다.

아이의 의견을 더 들어줄 수 있을 때는 아이의 계획과 생각을 물어보고, 기다리고, 믿어주는 방법이 있습니다. '당장 양치가 하고 싶지 않다'고 한다면 '그럼 언제 할 예정인지' 물어봐주세요. '집에 가지 않고 친구랑 더 놀고 싶다'고 한다면 '언제까지 놀고 싶은지' 물어보고 서로 의견을 조율해 나가면 됩니다. 아이는 엄마와 의견을 조율하면서 자신의 의견을 말하고, 상대방의 의견을 듣고, 해결책을 찾는 훈련도 동시에 할 수 있어요.

> **엄마** : 소영아, 이제 집에 가자.
>
> **아이** : 싫어요.
>
> **엄마** : 지금 집에 가기 싫구나! 왜? (이유 물어보기)
>
> **아이** : 이제 막 제가 그네를 타기 시작했단 말이에요.
>
> **엄마** : 오래 기다리다가 이제 겨우 그네를 탔구나. (감정 인정) 그래, 그럼 얼마나 더 타고 싶어? (계획 물어보기)
>
> **아이** : 한 시간이요!
>
> **엄마** : 그네가 엄청 타고 싶은가보다! 그런데 소영아, 집에 가서 씻고 학원에 가려면 늦어도 20분 뒤에는 출발해야 해. (엄마의 계획과 왜 그런 계획을 세웠는지 구체적인 이유 알려주기) 엄마는 20분 더 양보할 수 있을 것 같아! 소영이도 조금 양보해줄 수 있을까?
>
> **아이** : 흠. 그럼 내일 또 타러 와요.
>
> **엄마** : 내일은 어렵고 모레 또 타러 오자! (지킬 수 있는 약속하기)
>
> **아이** : 네!

엄마의 의견을 지켜야 할 때라면 아이에게 10초만 시간을 더 주세요. 시간을 더 줄 수 없는 이유를 정확하게 알려주고 아이가 마음을 정리할 시간을 주는 겁니다. "됐어! 그만 가자!"라고 이야기 할 때와 "그래, 그럼 엄마가 10초를 기다릴게!"라고 이야기할 때 아이가 느끼는 감정은 10초 그 이상이랍니다. 엄마가 더 기다려준 10초에 아이는 '엄마가 내 기분을 이해해준다'고 느낍니다. 또 아이 역시 엄마와의 약속을 지키려는 의지를 가질 수 있어요. 아쉬웠던 마음도 10초 동안 달랠 수 있고요.

끝을 예상하지 못했던 상태에서 끝내는 것과 끝을 알고 스스로 정리하는 것에는 큰 차이가 있습니다.

> "안 돼! 빨리 일어나!"
> → "그래, 이젠 진짜 집에 가야 하니까 10초 더 줄게~ 10, 9, 8…"

• 아이가 싫어하는 것에 재미를 더하기

아이들은 재밌고 신나는 거라면 엄마가 말 안 해도 기를 쓰고 합니다. 밥을 먹을 때도, 씻을 때도, 책을 읽을 때도 모두 마찬가지입니다. 엄마가 조금 귀찮더라도 즐겁게 할 수 있는 상황을 만들어 주세요. 그 일을 해냈을 때 커다란 칭찬도 잊지 마시길 바랍니다.

> "빨리 들어가서 양치하고 와."
> → "(호기심 가득한 목소리로) 우리 지수 입이 얼마나 큰지 한번 볼까?"

어른의 시계는 일어날 일을 예상하며 '째깍 째깍' 정확하게 흐릅니다. 그러나 아이의 시계는 속도가 조금 다릅니다. 슬로우 모션처럼 '째애애애애애깍 째애애애애애깍' 하고 흐르니 아이는 엄마의 조급함과 답답함을 느끼기 참 어렵습니다. 여러 상황 때문에 아이의 마음을 일일이 들어주고 이해할 시간이 없다고 생각하실 수 있습니다. 하지만 마음을 나누는 한 번의 대화로, 앞으로 반복될 불편한 상황을 줄일 수 있습니다. 단기 투자가 아닌, 아이의 미래를 위한 장기 투자를 하시길 바랍니다. 투자의 핵심은 대화입니다.

엄마의 관심과 호기심이
아이의 생각을 확장시켜요

모든 말에 "몰라요"라고
대답할 때

　7세 아들을 둔 엄마입니다. 요즘 우리 아이는 모든 질문에 "몰라요."라고 대답하는 것에 재미가 들린 것 같아요. 유치원에서 무엇을 했는지 물어봐도, 저녁을 뭘 먹고 싶은지 물어봐도, "몰라요."라고만 대답합니다. 방금 읽은 책 제목도 "몰라요." 마치 '몰라요 병'에 걸린 것만 같아요. 정말 모르는 것이 아닌가 하는 생각이 들 때도 있을 정도로요. 얼마 전에는 유치원 선생님으로부터 "요즘 현민이가 모르겠다고만 대답해서 걱정이에요."라는 이야기를 들었습니다. "몰라요."만 반복하는 우리 아이, 이제 저도 어쩌면 좋을지 모르겠네요.

　아이들이 살면서 한 번씩은 꼭 겪는다는 '몰라요 병'이 찾아왔네요. '대답하기 귀찮아서', '대답하기 곤란해서', '정말 몰라서' 혹은 '장난치고 싶어서' 등 다양한 이유로 '몰라요 병'은 찾아옵니다. 그리고 대부분 시간이 지나면서 자연스럽게 사라집니다.

그런데 너무 오랫동안 지속되면 코칭이 필요합니다. "몰라요."라고 대답하는 습관이 고착되면 어떤 질문을 들어도 생각을 단절한 채 "몰라요."라고만 대답할 수 있기 때문이죠. 그렇게 되면 정말 대답을 해야 할 상황, 대답을 하고 싶은 상황에서도 "몰라요." 말고는 다른 말이 떠오르지 않게 됩니다.

아이의 성장 과정에서 적절한 소통 경험이 부족한 경우에도 '몰라요 병'은 생길 수 있습니다. 양육자나 또래와 대화를 주고받는 것이 아닌, 혼자 TV나 영상 매체를 보는 등 오랜 시간 일방적인 소통을 주로 경험했다면 '내 말'을 꺼내는 것이 더 어렵습니다. 보고 듣는 것에만 익숙하니까요.

또 아이가 아이 수준의 이야기를 했을 때, 양육자가 아이의 눈높이에서 적절하게 반응했는지도 한번 생각해봅시다. 아이의 말에 부모가 호기심 어린 마음으로 대화를 이어주지 않고, 어른의 말투와 언어로 아이의 말을 잘라버린 적은 없나요? 그렇다면 아이에게는 깊이 있게 자신의 생각을 말할 수 있는 기회가 거의 없었을 겁니다.

'몰라요 병', 어떻게 잡아줄 수 있을까요?

• 한 발 물러나기

일단 한 발 물러납니다. 지금 당장 원하는 만큼 대답을 들으려는 욕심을 내려놓아야 합니다. 아이에게는 "몰라요."라고 대답한 나름의 이유가 있습니다. 그것과는 상관없이 추궁하듯 계속 질문하면 당황하거나 적대감이 들어 대답을 회피할 수 있습니다. '엄마는 언제든지 들을 준비가 되어있고, 당장 말하지 않아도 괜찮아'라는 마음을 아이에게 전달해주세요.

"모른다고? 뭘 몰라!", "아니, 방금 먹은 건데 왜 기억을 못해?"

→ "지금 말하기 싫으면 이따가 알려줘."

"그럼 기억나면 알려줘."

• 대답하기 쉬운 질문부터 하기

대답하기 쉬운 질문을 하는 것도 하나의 방법입니다. 구체적으로 질문하거나 선택지를 주는 것입니다. 학창 시절에도 서술형 문제보다는 주관식 문제가, 또 주관식 문제보다는 객관식 문제가 풀기 편하셨죠? 아이도 마찬가지입니다. 자신의 생각을 말로 표현하는 것을 부담스러워 한다면, 둘 중 하나를 고르는 선택지가 있는 질문부터 시작하면 좋습니다. 엄마는 답을 빨리 들어서 좋고, 아이는 대답하기 편해서 좋지요.

저녁 뭐 먹을래?

→ 저녁에 치킨이랑 피자 중에서 뭐 먹고 싶어?

오늘 학교에서 뭐했어?

→ 오늘 체육시간에 피구했다며, 재미있었어?

• 세 가지 이유로 설명하는 습관 들이기

언제까지나 쉬운 질문만 할 수는 없습니다. 학년이 올라가면 올라갈수록 생각을 확장하여 대답해야 할 질문도 많아질 거예요. 대답하는 것이 즐거워질 수 있도록 일상에서 세 가지 이유를 들어 말하는 훈련을 해봅시다.

"몰라요."만 말하는 아이에게 갑자기 세 가지 이유를 대라고 하면 분명히 어려울 수밖에 없습니다. 그러니 부모가 먼저 시범을 보여주세요. 어떤 행동을 할 때 "그냥."이라는 말보다는 '왜 그런 행동을 하는지' 이유를 들어 설명해주세요. 우리는 들은 것만큼, 또 본 것만큼 생각하고 말할 수 있습니다. 아이가 흘리듯 들었던 내용이더라도 말의 밑거름이 될 수 있으니 이유를 들어 말하는 것에 힘써주세요. 그리고 아이가 단답식으로라도 대답을 했다면 점점 긴 문장으로 확장할 수 있도록 "왜?", "그래서?", "그랬는데?" 등 연결어로 반응해주시면 됩니다.

"빨리 양치하자."

→ "입이 텁텁해서 빨리 양치하고 싶어. 양치하고 나면 개운할 것 같아!"

"저녁에 피자 먹자."

→ "저녁으로 피자를 먹자! 채소도 많고 치즈도 많아서 정말 맛있을 거야. 아빠도 엄마도 마루도 좋아하는 메뉴니까 더 좋겠다!"

아이가 말할 때 '정말 궁금한 마음'을 담아 호들갑스럽게 반응해주고 있나요? 아이는 엄마아빠가 행복할 때 같이 행복함을 느껴요. '내가 한 마디 했더니 엄마가 이렇게 좋아하네!', '아빠랑 나는 말하는 걸 정말 좋아해!'라고 느낄 때, 아이는 엄마아빠와의 대화 그 자체에서 행복을 느낍니다. 아이의 행복이 곧 부모의 행복이듯, 아이 역시 부모의 행복한 모습을 보며 자신의 존재감과 행복을 느낀다는 사실을 잊지 마시길 바랍니다.

사실 엄마의 관심이 필요해서
그런 거예요

청개구리처럼 모든 것을
거꾸로 말할 때

미운 7살인 우리 아들은 요즘 청개구리처럼 거꾸로 말하는 병에 걸렸어요. 날이 추워서 창문을 닫으려고 하면 자기는 덥다면서 절대 문을 닫지 못하게 합니다. 정말 더운 거면 이해를 하겠는데 자신도 추워하면서 그래요. 그뿐만 아니라 장난감을 가지고 논 후에 "장난감 정리해야지~"라고 말하면 "장난감 정리 안 해야지~"라고 거꾸로 따라 말해요. "밥 먹자~"라고 말하면 "밥 안 먹자~" 이런 식으로요. 이런 대화가 하루에도 수십 번씩 이뤄지고 있답니다. 재미있다고 생각하는 것도 한두 번이지 이렇게 반복되는 대화에 저는 정말 지쳐가요. 어떻게 하면 좋을까요?

비가 오면 강가에서 슬피 우는 청개구리가 생각나는 사연이네요. 사실 이 '거꾸로 병'은 모든 집에 한 번씩은 꼭 찾아오는 상황이랍니다. '안'이라는 표현을 배우면서 재미삼아 시작하게 되지요. 아이가 이렇게 말했을 때 엄마의 반응이 재미있다면 아마 지속적으로 사용할 거예요. 또는 평소 엄마의 관심이 부족하다고 느꼈는데, 거꾸로 말하면서 엄마가 반응을 보인다면 신이 나서 더 하게 될겁니다. 하지만 신경 쓸 일 많은 엄마들은 정말 지치는 상황이죠. 또 친구들 사이에서도 소통이 이뤄지지 않을 수 있으니 적절한 코칭이 필요합니다.

거꾸로 말하기, 어떻게 고쳐줄 수 있나요?

• 장난처럼 흘러가도 되는 상황이면 반응해주고, 장난의 끝맺음 알려주기

거꾸로 병이 시작됐다면 아이는 매우 다양한 상황에서 거꾸로 말하기를 시도할 텐데요. 장난을 쳐도 괜찮은 상황, 엄마도 즐겁게 받아줄 수 있는 상황이라면 같이 거꾸로 놀이를 해주셔도 좋습니다. 아이의 장난치고 싶은 욕구를 엄마가 함께 해소해주는 거지요.

단, 이때 아이에게 반드시 알려줘야 할 것이 있는데요. 바로 장난의 끝맺음입니다. "장난이었어요!", "거꾸로 말한 거예요.", "농담이에요." 등 장난이 끝났다는 것을 말하는 습관을 들이는 겁니다. 거꾸로 말하기에 끝맺음이 있고 없고는 듣는 사람에게 큰 차이가 있기 때문입니다.

> **엄마** : 마루야, 영화 재미있었지?
>
> **아이** : (장난이 가득한 목소리로) 아닌데요! 하나도 안 재밌었는데요!
>
> **엄마** : 맞아! 엄마도 하나도 재미없었어. 너무 재미없어서 막 신이 나던 걸.
>
> **아이** : 맞아요. 엄청 재미없었어요!
>
> **엄마** : 하하. 그래? 사실 엄마는 장난이었어. 엄청 재미있었는걸.
>
> **아이** : 저도 거꾸로 말한 거예요! 진짜 재미있었어요.

• 당장 하지 않아도 된다면 아이의 의사대로 해주기

당장 하지 않아도 되는 상황이라면 일단 기한을 정해줍니다. 그리고 엄마는 의연하게 그 상황에서 빠지는 거예요. 옆에서 계속 "해라, 하지 마라.", "지금 당장 해라!"라고 잔소리하면 아이는 점점 더 장난치고 싶을 거예요. 그렇다고 엄마가 대신 해주면 아이가 의존적으로 클 가능성이 높아지지요. 그러니 아이를 믿고 그 상황에서 잠시 멀어지세요.

> "그만하고 빨리 양말 신어."
> "엄마가 신겨줄게. 이리 와봐."
>
> → "(아이 옆에 양말을 두고 자리를 비키면서) 응. 10분 뒤에 나갈 거니까, 양말 신으세요~"

• 엄마가 거꾸로 병에 걸려보기

아이가 이미 기본적인 생활 습관을 배운 상태라면 엄마가 대신 거꾸로 병에 걸린 척 연기하는 것도 하나의 방법입니다. 엄마가 "밥 먹고 이 안 닦아야지~", "이거 안 치워야지~"라고 말해보세요. 7세 이후의 아이들은 잘잘못을 따지며 선생님 역할을 하는 것을 좋아하는데요. 엄마가 옳지 않은 행동을 할 때 고쳐주고 싶은 욕구가 샘솟습니다. 결국 아이가 선생님처럼 "엄마 양치하고 이 닦아야 해요!", "이건 치워야 해요!"라며 바른 생활을 하도록 유도하는 것이지요.

그러면 언제 거꾸로 병에 걸렸냐는 듯이 바른 생활 어린이가 되어 있을 겁니다. 아이의 거꾸로 병은 결국 엄마의 반응을 보기 위해서 시작된 거예요. 평소 아이가 부정적인 행동을 했을 때보다, 옳고 긍정적인 행동을 했을 때 보다 더 적절한 호응을 해주시기 바랍니다.

Q. 아이를 위해서 엄마들 모임에 꼭 참여해야 할까요?

차 한 잔 했을 뿐인데, 식사 한 끼 함께 했을 뿐인데, 집에 오니 심신이 모두 지칩니다. 아마도 원해서 있었던 자리가 아닌, 함께 해야 한다는 의무감에 참석했던 불편한 시간이었기 때문일 겁니다.

엄마 모임은 친교를 목적으로 하지 않습니다. 자녀를 위한 자리라는 분명한 목적이 있는 비즈니스 자리입니다. '혹시나 나만 모르는 고급 정보가 있진 않을까', '다들 시간을 맞춰 아이들끼리 추억을 만드는데 우리 아이만 빠져 있는 건 아닐까' 등의 막연한 걱정과 불안이 있진 않으신가요?

사실 조직 생활보다도 더 복잡하고 미묘한 기운이 흐르는 관계가 바로 엄마들의 모임입니다. 아이를 위한 억지스러움이라면 그 억지스러움은 잠시 미루셔도 좋습니다. 우리 아이를 좀 더 믿어보세요. 사실 엄마들끼리 친하다고 해서 아이들끼리도 친한 건 아닙니다. 또한 서로 정보를 공유하고 도우려는 분명한 목적이 있는 모임이기에, 그 목적의 방향이 달라질 경우 언제든 관계를 정리해도 좋습니다.

누군가와 불편한 마음으로 관계를 맺는 것은 지속되기 어렵습니다. 서로 적당한 거리를 유지하며 말을 아끼고, 다른 이의 말을 옮기지 않아야 하는 엄마들 모임이기에 마음 맞는 상대를 찾지 못했다면 너무 마음 쓰지 않으셨으면 좋겠습니다. 그리고 그 시간을 엄마 스스로 힐링 할 수 있는 시간으로 쓰세요.

아이 엄마로서의 시간과, 나 그 자체로서의 시간을 적절하게 나누어 활용하는 것을 추천합니다. 나 스스로의 발전을 위한 시간을 갖다보면, 그 곳에서 만나는 인연과 기회가 생길 겁니다. 또는 회사 동료들과의 모임에서 나누는 자녀들의 이야기, 학창시절의 친구 모임도 좋습니다. 마음 편하게 정보를 공유하고 마음을 나눌 수 있는 모임이어야 합니다.

우리 아이에게 정말 필요한 정보는 밖에서 찾을 수 있는 것이 아닙니다. 우리 아이를 온전히 관찰하고, 함께 대화하며, 즐겁게 노는 과정에서 찾을 수 있습니다. 따라서 정보 공유만을 위한 엄마 모임이 필수는 아니라고 말하고 싶습니다. 모든 답은 아이로부터 나온다! 잊지 않으셨으면 좋겠습니다.

Q. 형제자매가 없는 우리 아이는
어디에 가야 친구를 만날 수 있을까요?

우리 아이가 하원 또는 하교 후 머무르는 공간을 한번 생각해볼까요?

미세먼지가 많아서 놀이터는 못 나가고, 독감이 유행이라 키즈 카페도 가기 꺼려지고, 학원에서 친구들을 만나기는 하는데 수업 듣고 집에 오기 바빠 또래와 놀 시간이 없나요?

긴 시간이 아니어도 좋고 매일이 아니어도 좋습니다. 학원에 늦을까봐 안 되고, 병이 옮아 아플까봐 안 될 것 같은 걱정을 반으로 줄이세요. 부모 스스로가 불편한 상황에 놓이기 싫어 우리 아이를 내 곁에만 두는 건 아닌지도 생각해봐야 합니다.

아이들은 친구와 놀 때 나보다 좀 더 똑똑한지, 좋은 환경에서 자랐는지를 생각하지 않습니다. 오히려 나와 관심사가 비슷하거나 노는 방식이 통하는 또래에게 이끌립니다. 아이가 친하게 지내고 싶은 아이가 부모 마음에 들지 않는 경우, 어떻게 해야 할까요? 무조건 아이의 마음대로 해야 하는 것도, 부모의 마음대로 해야 하는 것도 아닙니다. 다만 선택을 해야 한다면 아이의 마음이 더 중요하다는 것입니다.

이렇게 생각을 정리하고 보니, 아이 주변에 있는 친구들이 눈에 보이지 않나요? 사실 함께 어울릴 친구가 아무도 없었다기보다는 부모의 여러 기준에 맞춰 판단하다 보니 어울릴 만한 친구 찾기가 어려웠던 겁니다.

아이는 또래와 함께 놀고 어울리면서 사회적 관계를 경험합니다. 친구에게 다가가는 법, 함께 어울리기 위해 타협하는 법, 갈등을 해결하는 법 모두 어른의 방식이 아닌 아이들만의 방식이 있습니다. 즐거움도 불편함도 아이가 직접 경험하며 방법을 찾아가야 합니다. 친구들과 갈등이 생기더라도 어른들이 생각하는 옳은 방향을 앞세우기보다는 아이들 스스로 해결할 수 있도록 한 걸음 물러나 지켜봐주세요.

Chapter 5

엄마의 말 한마디에
아이의 사회성이 자란다

아이에게 인사는
모험이자 도전임을 알아주세요

밝게 인사하지
못할 때

> 우리 아이는 인사를 전혀 안 해요. 집안 어른을 만나도 인사를 안 하고, 유치원 선생님을 봐도 인사를 안 합니다. 슈퍼나 병원에 들어갈 때도 마찬가지예요. 제가 "인사해야지~"라고 이야기해야 겨우 고개만 끄덕거리는 정도입니다. 밝고 우렁차게 인사하는 아이들을 보면 남의 자식인데도 참 예뻐 보여요. 다른 건 몰라도 인사만큼은 제대로 했으면 좋겠다고 생각하거든요. 그런데 속 터지는 제 마음은 아는지 모르는지, 아무리 말해도 발전이 없네요. 쑥스러움이 많아서 그런 걸까요? 혹여나 다른 사람들이 저희 애가 버릇없다고 생각할까 봐 걱정됩니다.

학원에서 처음 선생님을 만나 인사하는 아이들의 얼굴에는 약간의 설렘과 불편함이 서려 있습니다. "선생님께 인사해야지."라고 말하는 엄마 곁에서 눈만 슬쩍 마주쳐서 보일 듯 말 듯 고개만 끄덕거리는 아이도 있습니다. 그럼 저는 "응, 눈 마주치고 인사해줘서 고마워."라고 말합니다. 그때 바로 엄마의 꾸지람이 들려옵니다. "큰 소리로 인사해야지. 똑바로 서서! 고개도 숙이고!"라고요. 그 순간 용기를 내 인사했던 아이의 노력은 사라져 버립니다.

인사하는 것이 어려운 아이가 "인사를 잘해야 한다."라는 엄마의 말을 들으면 어떤 생각이 들까요? '아는 사람을 안 만났으면 좋겠다', '만나는 사람이 나에게 아는 척 하지 않았으면 좋겠다', '인사를 해야 하는 이 상황에서 벗어나고 싶다'입니다.

엄마가 말하는 '인사 잘한다'의 기준은 '큰 소리로', '눈을 마주치며', '고개를 숙이고'를 모두 포함합니다. 그리고 이 조건을 다 충족해야만 "그래, 인사 잘했어."라는 칭찬이 나옵니다.

인사하는 건 사회생활을 하는 어른에겐 너무 당연하고 익숙한 일입니다. 그러나 아이에겐 새로운 과제이자 모험이라는 것을 알아주세요. 또 대부분의 아이가 인사하는 것을 어렵게 여기니 너무 속상해하지 않았으면 좋겠습니다.

인사 잘하는 아이가 되도록 응원하고 독려하는 과정은 생각보다 쉽지 않습니다. 결과에만 초점을 맞춘다면요. 인사를 힘들어하는 아이의 마음을 인정하고 공감한 후, 조금씩 노력 중인 우리 아이를 바라봐주세요.

아이의 인사성, 어떻게 키워줄 수 있을까요?

• 인사를 준비할 수 있는 시간 주기

인사가 어려운 아이에게는 준비할 시간이 필요합니다. 갑자기 "인사해야지!"라고 하기보다, 인사할 상황을 미리 일러 주어 마음의 준비를 하도록 도와주세요.

누구를 만날 건지, 언제 만날 건지, 어떤 인사를 하면 좋을지 자세하게 알려 주는 것이 좋습니다. 한 가지 명심할 건 이렇게 알려 주었어도 막상 상황이 닥치면 인사가 안 나올 수 있다는 것입니다. 준비 운동을 끝냈다고 모든 아이들이 물속으로 풍덩 뛰어들어 수영하는 것은 아니니까요. 그럴 땐 혼내거나 억지로 인사시키지 말고 용기를 낸 만큼이라도 칭찬하며 다음을 기약합니다.

> "(버스를 타면서) 인사해야지!"
>
> → "(버스를 타기 전에) 조금 뒤 버스에 타면 기사 아저씨께 '안녕하세요~'라고
>   인사해보자!"

> "아니! 연습까지 했는데 왜 못해? 크게 해야지, 크게!"
>
> → "우와! 고개를 끄덕했네! 정말 잘했어."

• 집에서 인사를 생활화하기

인사를 배울 수 있는 가장 좋은 학교는 가정입니다. 부모부터 인사를 생활화해봅시다. 사실 집에서는 매일 보는 얼굴, 매일 마주하는 익숙한 상황이라서 인사를 생략할 때가 더 많죠. 그러나 낯선 환경보다 익숙한 집안에서의 연습이 훨씬 도움이됩니다. 또 이런 자연스러운 생활 인사가 밖에서의 인사 습관에도 긍정적인 영향을 미칩니다.

"안녕하세요."를 포함해 "안녕히 주무셨어요.", "다녀오겠습니다.", "잘 먹었습니다.", "고맙습니다." 등 다양한 상황에서 부모와 아이가 함께 인사를 해봅시다.

단, 이 역시 강압적으로 해서는 안 됩니다. '인사 = 재미있는 것'이라 생각하도록아이의 눈높이에 맞춰 재미있게 연습해보세요.

"자, 배꼽 위에 손 올리고 고개 숙이면서 큰 소리로 해보자."

→ "배꼽에 손을 풀로 붙일까~ 테이프로 붙일까?"
　"누가 누가 큰 소리로 인사하는지 대결해볼까?"

• 엄마가 솔선수범하여 인사하고 인사의 즐거움 표현하기

엄마는 인사를 잘 안하면서 아이에게만 "인사해야지!"라고 시키지는 않나요? 이제 엄마가 먼저 인사해보세요. 또 인사하고 나서 "인사하니까 기분이 너무 좋다!", "인사했더니 버스 기사 아저씨도 웃으셨어.", "와! 엄마가 옆집 아저씨보다 먼저 인사했다!"처럼 즐거운 마음을 말과 표정, 행동으로 표현합니다. 아이들은 엄마가 즐거워하는 모습을 보면 '나도 한번 해볼까?'라고 생각하기 때문이지요.

"안녕하세요! 엄마가 인사하니까 사람들이 다 웃어준다! 기분 최곤데!"

엘리베이터에서 이웃을 만나는 게 부끄럽고, 등굣길에 친구 엄마를 만나는 게 두려운 우리 아이의 마음을 좀 더 이해해주세요. 어른의 기준에 맞는 인사를 하지 않았더라도, 그 상황에서 아이의 모습을 나무라지 마세요. 오히려 아이가 할 수 있는 만큼만 도전하고 성취감을 느끼도록 도와주는 것이 좋습니다. 예를 들어 큰 소리로 꾸벅 인사하기를 어려워 한다면 눈빛으로 하는 인사, 고개만 살짝 움직이는 작은 인사를 알려주세요.

인사하지 않는 아이 때문에 스트레스 받는 부모의 모습을 아이에게 보이는 것도 좋지 않습니다. 인사 잘하는 옆집 아이와 비교하지 말고, 인사와 보이지 않는 전투를 벌이고 있는 우리 아이에게 멋진 방패가 되어주세요. 타인이 자신에게 말을 걸까봐 두려워하는 아이, 자신에게 관심 갖는 것을 불편해하는 아이, 접촉을 싫어하는데 머리나 어깨를 만지며 인사할까봐 두려운 아이 등 아이들은 저마다 마음속에 다양한 이유를 지니고 있답니다.

일과를 마치며 아이가 하루 동안 나눈 인사에 대해 이야기를 나눕니다. 그리고 그 과정에서 스스로 노력한 부분을 찾아 칭찬해보세요. 그 자체가 인사 교육이 될 수 있습니다. 엄마의 기준에 도달하지 못해 '인사를 못했다'가 아니라, 아이 스스로 조금씩 해내고 있는 과정을 칭찬하고 응원해주세요. 더 이상 인사를 못하는 아이가 아닌, 인사가 어렵더라도 노력하는 아이가 될 겁니다.

언젠가는 마주칠 사과의 순간,
연습이 필요해요

잘못해놓고
사과하지 않을 때

얼마 전 학교 선생님으로부터 '아이가 사과하는 것을 어려워한다'는 말을 들었어요. 친구와 사소한 문제로 다퉜는데, 서로 잘못한 부분이 조금씩 있어서 친구가 먼저 사과를 했대요. 그런데 저희 애는 끝까지 사과를 안 해서 그 친구가 많이 서운해 했다고 하더라고요. 자신이 잘못한 일을 모른척하거나, 미안하다는 말을 안 해서 친구들과 다툼이 커지는 것 같아 걱정입니다. 게다가 실수한 것에 대해서는 더 입을 꾹 다물어요. '내가 일부러 그런 게 아닌데 왜 사과해?'라고 생각하는 것 같더라고요. 정말 이러다가는 친구들 사이에서 안하무인으로 낙인찍히는 건 아닌지 걱정입니다.

사과는 어른들에게도 어려운 숙제입니다. 사과를 해야 하나 말아야 하나 고민하다가 타이밍을 놓쳐 본 경험, 어떻게 사과를 해야 할지 고민했던 시간들이 있을 겁니다. 이렇게 어려운 일을 아이들에게 어떻게 이해시킬 수 있을까요?

아이는 어른에 비해 상황을 두루 살피는 능력이 부족합니다. 때로는 의도치 않게 친구에게 피해를 줄 때도 있습니다. 이때 엄마는 "그러게 조심 좀 하지! 얼른 친구한테 미안하다고 해."라고 말합니다. 그러자 아이는 억울한 표정으로 "난 잘못한 게 없는데 왜 사과를 해요?"라고 반문합니다. 이 상황에서 아이는 사과하고 싶지 않은 자존심에 이렇게 말하는 걸까요? 아닙니다. 아이는 정말로 자신이 왜 사과해야 하는지 모르고 있을 가능성이 높습니다. 상대방의 입장이 어떤지, 상황은 어땠는지 두루 고려하기가 어렵기 때문입니다. 나도 모르게 한 실수더라도 사과해야 한다는 것을 이해하기 어려울 수 있는 것입니다.

아이가 실수한 상황에서 엄마 자신의 민망함 때문에 아이를 몰아세운 적이 있진 않나요? 이유도 모른 채 억울한 마음으로 억지 사과를 한 아이는 마음에 상처를 받습니다. '같이 사과하고 마무리하자'는 식의 막무가내 소통은 아이의 마음을 굳어버리게 만듭니다. 이제 사과의 의미를 제대로 알고, 스스로 사과할 수 있도록 도와주세요.

사과 교육, 어떻게 하면 좋을까요?

• 사과의 의미 알려주기

아이들은 잘못했을 때 "미안해."라고 말한다고 배웁니다. 그래서 실수로 한 일에는 사과하지 않아도 괜찮다고 생각할 수 있습니다. 일부러 그런 게 아니어도, 즉 실수더라도 누군가를 기분 나쁘게 하거나 아프게 했다면 사과해야 한다는 것을 알려주세요.

동생 장난감을 실수로 떨어뜨려서 부서졌을 때도, 친구가 옆에 있는지 모르고 부딪쳤을 때도 사과가 필요하다고 말이죠. 나열하듯이 알려주면 아이가 지루할 수 있으니 'O X 퀴즈'를 통해 사과해야 하는 상황을 재미있게 찾아보는 것도 좋습니다.

• 사과는 바로! 즉시! 하는 것임을 알려주기

사과에는 유통기한이 있습니다. 사과는 바로 해야 합니다. 나중에 사과하겠다는 마음은 위험합니다. 사과를 미룰수록 전해야 하는 마음의 무게가 무거워지기 때문인데요. 시간이 흐를수록 오해가 커지는 것은 물론, 오해의 확산을 막는 것도 쉽지 않습니다. 만약 잘못을 나중에 깨달았다면 어떻게 해야 할까요? 깨달은 즉시 사과하면 됩니다. 아이에게 사과에는 기한이 있음을 알려주세요.

• 사과의 순서와 방법 알려주기

"미안해."라는 짧은 한마디에 많은 의미를 담기는 어렵습니다. 모든 말에는 '플러스의 힘'이 있습니다. 특히 사과할 때는 한마디보다 두세 마디의 구체적 사과가 상대의 마음을 녹이는 힘이 큽니다. 실수로 친구가 열심히 쌓은 블록을 무너뜨렸을 때 어떻게 사과하면 좋을지 '3단계 사과법'으로 알아보겠습니다.

〈3단계 사과법〉

1단계 : 미안하다는 말로 상대의 불편한 마음을 알아주기
"정말 미안해. 실수였어."

2단계 : 상황 구체화하기
"네가 열심히 쌓은 블록인데 지나가다가 내 몸에 부딪혔나봐."

3단계 : 약속하기
"앞으로 부딪치지 않도록 조심할게."

아이와의 일상에서 사과를 생활화하는 것도 중요합니다. 어른도 아이에게 사과할 수 있어야 합니다. 제대로 된 사과를 받아본 아이가 제대로 된 사과를 할 수 있습니다. 아이에게 사과할 일이 생겼을 때 짧은 한마디로 일축하지 말고, 3단계 사과법을 응용하여 진심으로 사과해보세요.

"알겠어. 다 미안해."

→ "미안해, 많이 놀랐지? 급하게 뛰어가다 보니 네 발을 밟았는지 몰랐어. 앞으로 조심할게."

• 사과 교육에서 주의할 점!

사과하는 방법을 가르칠 때 주의할 두 가지가 있습니다. 억지로 사과하도록 시키거나, 사과하지 않았다고 혼내면 안 된다는 것입니다. 모든 상황을 처음부터 끝까지 지켜본 게 아니라면, 중재하는 어른은 아이들 사이에서 일어난 상황을 전부 알기는 어렵습니다. 간혹 말을 잘하는 아이의 입장에서 상황이 재구성되기도 합니다. 이때 어른들이 가장 많이 하는 실수는 "둘 다 사과해."라고 상황을 정리해버리는 것입니다. 사과하는 사람도, 사과받는 사람도 억울한 마음이 남은 채, 의미 없는 사과로 상황이 마무리돼서는 안 됩니다.

무작정 사과하는 것보다 나의 어떤 행동 때문에 상대방이 불편했는지 아이 스스로 납득하는 과정이 정말 중요합니다. 그래야 진심으로 사과하는 법을 배울 수 있습니다. 각자의 상황을 이해 받고, 자신이 무엇을 잘못했는지 정확히 알고, 진정한 사과를 할 수 있도록 이끌어주세요. 아이가 '사과'를 '소통하는 과정'이라고 이해하면 억지로 사과를 시킬 일도, 억울한 마음이 풀리지 않아 사과를 못하는 아이를 나무랄 일도 없어질 겁니다.

솔직하게 말하는 것이
용기임을 알려주세요

입만 열면
거짓말할 때

> 요즘 저희 아이가 부쩍 거짓말을 해요. 처음에는 웃어넘길 수 있는 귀여운 수준이었는데, 날이 갈수록 거짓말의 깊이가 깊어지는 것 같아요. 며칠 전에는 아이에게 "학원 숙제 다 했니?"라고 물어보니까 "선생님이 숙제 없다고 했는데!"라고 말하더니, 선생님한테는 "숙제 다 했는데 못 가져왔어요."라고 말했다더군요. 또 자신이 잘못한 일을 아직 말도 못하는 어린 동생에게 덮어씌우기까지 해요. 너무 괘씸해서 크게 혼내기도 해보고, 타일러보기도 했는데 나아질 기미가 보이지 않네요. 이러다 더 큰 거짓말도 아무렇지 않게 하게 될까봐 걱정입니다. 어떻게 고쳐줄 수 있을까요?

교육 현장에서 만난 친구들을 떠올려보면 거짓말을 거짓말이라 인식하지 못한 채, 자신의 생각과 고집에 빠져 더 큰 거짓말을 이어가는 상황을 종종 마주합니다. 누가 들어도 거짓말 같지만 당장 그 자리에서 "그거 거짓말이잖아."라고 말하는 선생님은 없습니다.

다만 이렇게 말하는 친구들은 존재합니다. "넌 왜 맨날 거짓말해?", "너 피노키오 같아."라고 말이죠.

"우리 집에 공룡 살아.", "나 어제 자동차만한 케이크 먹었어."
아이들의 귀여운 거짓말입니다. 미취학 아동들은 종종 목적 없는 거짓말을 하기도 합니다. 아직 현실과 상상의 경계가 모호해서 그런 건데요. 거짓말이라기보다는 귀여운 허풍에 가깝습니다.
이때까지는 적절한 반응을 보여주며 허풍을 들어주셔도 괜찮습니다. 다만 초등학교 입학 후에도 거짓말이 이어진다면 올바른 훈육이 필요합니다. 거짓말은 또래 관계를 포함해 아이의 사회화에 좋은 영향을 미치지 못하기 때문입니다.

아이의 거짓말은 치밀한 계산으로 의도한 것이기보다는, 발달 과정상 나타나는 자연스러운 과정입니다. 누군가를 속여 이익을 얻으려는 반사회적인 의도가 아니라는 겁니다. 또래와 나누는 가벼운 농담 같은 거짓말도 있고, 친구들을 웃기려는 친사회적인 의도를 담은 거짓말도 있습니다.

거짓말하는 아이를 무작정 나무라거나, 잘못을 비난하는 소통은 거짓말을 바로잡는 것에 도움이 되지 않습니다. 여기서 중요한 것은 아이가 '어떤 마음과 감정으로 거짓말을 하는 것인지' 그 의도를 파악하는 것입니다.

아이들은 왜 거짓말을 할까요?

• 부모나 선생님, 또래로부터 인정받고 싶은 마음
 – 자신에게 없는 것인데 있는 척함
 – 해 본 적 없는데 많이 해본 척함
 – 잘 모르는데 잘 아는 척함

• 잘못했을 때 감추고 싶은 마음
 – 내가 한 잘못을 다른 사람이 했다고 주장함
 – 잘못을 해놓고 혼날까 봐 두려워 모르는 척함
 – 죄책감을 느끼지 않으려고 자신의 잘못이 아닌 척함

• 자신의 의견을 주장하고 싶은 마음
 – 사주기로 했다면서 거짓 약속을 지어내 원하는 것을 가지려 함
 – 친구의 물건을 가져와 놓고 친구가 준 것이라 말함
 – 자신의 행동을 정당화하려고 거짓 근거를 제시함

아이의 거짓말, 어떻게 개선할 수 있나요?

• 파악하기

 1. 상황 파악하기

　무조건 "거짓말은 나쁜 거야!"라고 야단치기 전에 아이가 어떤 상황에서, 어떻게 거짓말을 했는지 파악해야 합니다. 상황을 파악해야 그 상황에서 거짓말 말고 어떤 대안이 있는지 알려줄 수 있기 때문입니다.

　또 상황 파악 없이 야단만 치고 끝낸다면 아이는 혼난다는 두려움에 그냥 "죄송해요." 하고 대화를 종료시킬 수 있습니다. 반드시 상황을 파악하고, 거짓말이 아닌

대책을 함께 고민해야합니다. 물론 이때 추궁하는 말투가 아니라 소통하는 말투를 사용해야 함을 잊지 마시길 바랍니다. 추궁하는 말투는 또 다른 거짓말을 낳습니다.

> "(인상 쓰고 화내며) 왜 거짓말했어! 엄마가 거짓말하지 말랬지!"
>
> → "무슨 일 있었어? 그랬구나. 그럼 그럴 땐 어떻게 하는 게 더 좋을까?"

2. 아이의 심리와 감정 파악하기

상황과 동시에 아이의 심리와 감정을 파악하는 것도 중요합니다. 거짓말하기 전까지 아이는 다양한 생각을 했을 것이고 억울함, 간절함, 무서움 등 다양한 감정을 느꼈을 거예요.

거짓말한 자신을 미워하지 않도록 아이의 이야기를 들어주고 그 감정에 공감해주세요. 여기서 주의할 것은 거짓말한 것 자체에 공감하는 것은 아닙니다.

> "그래도 거짓말을 하지 말아야지!"
> "거짓말할만한 상황이었구나."
>
> → "그래, 엄마가 알까 봐 많이 두려웠구나. 그렇게 두려울 땐 어떻게 하면
>   좋을까?"

• 알려주기

1. 사실대로 말하는 것이 용기임을 알려주기

긍정적인 소통이 부정적인 소통보다 힘이 있습니다. "거짓말은 나쁜 거야."라는 말도 틀린 것은 아니지만 "솔직하게 말하는 건 정말 용감한 거야.", "사실대로 말해 줘서 고마워.", "정직하게 말하는 건 어려운 건데 잘했어." 등 혼낼 것은 혼내더라도, 아이가 정직하게 말했다면 칭찬해주세요. "거짓말은 나쁜 거야."라는 말을 반복적으로 듣는다면 거짓말을 했을 때 나쁜 아이가 되지 않으려고 그 거짓말을 덮는 또다른 거짓말을 할 수도 있습니다.

"거짓말은 나쁜 거야. 거짓말하면 나쁜 어린이야."

→ "솔직하게 말하는 건 어렵지만 정말 용기있는 거야."

2. 거짓말은 좋은 해결책이 아님을 알려주기

거짓말로 그 순간을 모면할 수는 있어도 근본적인 해결책은 아닙니다. 또 내가 한 거짓말 때문에 다음에는 더 큰 책임을 져야 할 수도 있어요. 아이가 이미 거짓말을 했고 그 이후 어떤 상황이 발생했다면, 거짓말하기 전으로 되돌아가 어떻게 할 수 있었을지 다른 선택지들을 함께 이야기해봅니다. 가장 좋은 결과를 얻는 선택이 무엇인지 함께 살펴보는 거죠.

"너 거짓말해서 동생도 혼나고 너도 더 혼나는 거야."

→ "마루야 지금 거짓말해서 혼나고 있지. 그때 거짓말을 하지 않고 이렇게 행동했으면 어땠을까?"

만약 습관적으로 거짓말을 한다면 더욱 분명하고 단호한 훈육이 필요합니다. 앞에서 소개한 이해하고 공감하는 과정보다는, 자신의 잘못된 행동이 어떤 결과를 불러올 수 있는지 심각성을 깨닫도록 명확하게 설명해줍니다.

• 엄마도 거짓말하지 않기

엄마도 거짓말을 해서는 안 됩니다. 거짓말에는 핑계나 변명 또한 포함되며, 아이에게 거짓말을 하는 것은 물론, 아이가 보는 앞에서 다른 사람에게 거짓말하는 것도 주의해야 합니다. 순간을 모면하기 위해 하는 말이 아이에겐 '아, 그래도 되겠구나' 하는 본보기가 될 수 있습니다.

"(아이를 순간적으로 조용히 시키기 위해) 엄마가 지금 말고 이따 해줄게!"
"(늦잠자서 약속 시간에 늦었는데) 아니, 오는 길이 너무 막혀서 늦었어요."

아이의 거짓말로 인해 누군가 피해를 입었다면 사과하고 잘못을 인정하는 것은 반드시 필요한 일입니다. 그렇지만 그 과정에서 '우리 아이가 어떤 마음에서 거짓말을 하게 된 건지'는 그냥 덮어두지는 않았나요?

이 상황에서 아이의 마음을 주목해줄 수 있는 사람은 엄마입니다. 먼저 아이의 마음을 알아주고, 그다음 나의 거짓말로 상대방이 겪게 될 불편함을 함께 이야기 나눠보세요. 그러면서 아이 스스로 인정하고 고백할 수 있는 상황을 만들어주어야 합니다.

훈육의 마지막에는 "재호는 엄마가 혼낼까 봐 무서웠지? 하지만 그 마음을 이겨내고 솔직하게 네 마음을 말해줘서 정말 고마워."라고 솔직하게 말한 것에 대한 격려와 인정, 칭찬을 해주세요. 그러면 아이는 거짓말해서 혼나는 것보다 솔직하게 얘기하는 것이 더 좋다는 것을 알아가게 됩니다.

말로 표현하는 습관을
들이도록 도와주세요

말보다
행동이 앞설 때

> 초등학교 3학년 아들을 키우고 있습니다. 제 아이는 말보다 행동이 앞서는데요. 그렇다고 몸으로 다른 친구들을 괴롭히는 건 아니에요. 그냥 말보다 행동이 앞서는 것뿐입니다. 아이가 어렸을 때는 다른 친구들도 비슷했는데, 3학년이 되고나서 보니 우리 아이만 유독 그런 것 같아요. 예고 없이 행동부터 나가는 아이 때문에 깜짝깜짝 놀라는 친구도 있습니다. 행동하기 전에 꼭 말을 먼저 하라고 아무리 타일러도 소용이 없어요. 행동이 앞서는 우리 아이 어떻게 하면 좋을까요?

집에서는 아이의 행동 패턴이 익숙해 크게 문제되지 않았는데, 바깥에서 아이와 함께 있다 보면 눈치 없이 주변을 불편하게 만드는 모습을 마주합니다. 무엇이 잘못된 걸까요?

아이는 자신이 하고 싶은 것에만 집중합니다. 주변 상황이나 함께 있는 상대방은 보이지 않습니다. 상호 소통하며 자신의 행동을 조절하는 것을 어려워하는 친구들을 보면 성장 과정에서 상호 소통 경험이 부족한 경우가 많습니다.

아이가 원하는 것을 직접 말하기 전에 어른이 이미 다 챙겨줬거나, 외동이라 자신의 것을 타인과 공유하며 불편함을 겪었던 일이 적었거나, 말이 늦어서 아이가 말하지 않고 행동하는 모습이 익숙하기 때문에 아이의 행동에 문제가 있다는 것을 인식하지 않았던 경우이지요.

모든 의사소통을 이루는 기본적인 요소는 '나', '상대방', '상황'입니다. 이 세 가지를 적절히 고려할 때 나도 상대방도 즐거운 대화를 할 수 있습니다. 그런데 아이들은 '상대방'과 '상황'을 고려하는 능력이 부족합니다. 나의 마음과 나의 상황을 상대방도 이미 알고 있거나, 같은 마음일거라고 생각하는 것에서 오류가 시작되는데요. 나는 분명 좋은 의도로 한 행동인데 뜻이 잘못 전달되어 오해받는 경험을 할 수 있습니다. 도와주고 싶어서 했던 행동이 상대방에게는 불편함이 될 수 있고, 갑작스런 나의 행동에 친구가 놀랄 수도 있다는 것을 아이의 눈높이에서 이해시키는 일은 쉽지 않습니다. 그렇지만 우리 아이의 원만한 대인 관계를 위해서는 꼭 필요한 가르침입니다.

행동이 앞서는 아이, 어떻게 도와줄 수 있을까요?

• 행동하기 전에 상대방의 마음 생각해보기

말보다 행동이 먼저 앞서는 아이에게는 행동하기 전에 '할까, 말까' 하고 고민하는 시간을 가질 수 있도록 도와줍니다.

친구의 옷에 머리카락이 붙어있는 것을 보고 말없이 떼어주었는데, 만약 그 친구가 다른 사람과 접촉하는 것을 극도로 싫어한다면? 아이는 좋은 의도로 한 행동인데, 고맙다는 말도 없이 오히려 짜증을 내는 친구의 반응에 상처를 받을 수 있습니다. "좀 만질 수도 있지. 내가 때린 것도 아닌데 왜 짜증을 내?"라고 생각할 수 있다는 거죠. 그러나 이런 관점은 '나' 중심적인 사고입니다. 상대방의 반응은 상대방의 마음을 기준으로 받아들여야 합니다. 상대방의 반응과 행동이 적절하지 못했다 할지라도, 아이의 행동에 오해를 살 수 있는 요소가 있음을 이해시키는 것이 첫 번째 과정입니다.

> "시윤아. 친구를 만질 때는 먼저 친구에게 말해야 해. 네가 미끄럼틀 타는 것을 싫어하듯이 유빈이는 자기를 만지는 것을 정말 불편해할 수도 있어."

• 먼저 말하고, 그다음에 행동하기

먼저 말하고 행동하는 습관을 들이려면 일상에서 부모님의 적절한 코칭이 필요합니다. 아이가 행동이 너무 앞서있다면, 그 상황에서 행동 대신 말로 표현할 수 있도록 수정해줍니다.

어른들끼리 얘기하는 중에 휴대폰 게임을 하고 싶다면서 엄마의 가방을 뒤지는 아이에게 "나가 있어."라는 말 대신 "왜 엄마의 가방을 보는 거야? 혹시 찾는 게 있니?"라고 물어봐주세요. 아이에게 자신이 왜 이런 행동을 하고 있는지 말할 수 있는 기회를 주는 겁니다. 아이의 말을 다 들은 후, "엄마는 네가 갑자기 엄마 물건을 만져서 놀랐어. 다음에는 먼저 말하고 엄마의 대답을 기다려 줄 수 있겠니? 부탁할게."라고 말해 봅니다.

아이가 잘못 행동하고 있는 부분을 알려주지 않은 채 그저 "안 돼.", "하지 마."라고 하는 것은 엄마에게 편한 방법이지 아이를 위한 것이 아닙니다. 아이와 함께하는 모든 순간이 방법을 알려줄 수 있는 기회입니다.

단, 아이가 하는 모든 행동을 일일이 제어하기보다는, 아이가 올바른 방법을 기억하고 행동을 고칠 수 있도록 하루 3번 내외로만 행동을 수정해주는 것이 좋습니다. 그리고 잠들기 전에 다시 한 번 아이가 기억할 수 있도록 아이가 노력한 모습을 좋은 방향으로 다시 정리하여 알려주는 것도 도움이 됩니다.

• 이유를 들어 상대방 설득하기

"말하지 않아도 알아요~"

말하지 않아도 알 수 있다니 정말 이상적인 소통 방식입니다. 그렇지만 영화 속에서처럼 사람의 눈만 쳐다봐도 그 사람의 머릿속을 다 읽어내는 초능력자가 아니라면 이런 소통은 어렵겠죠.

정확하고 구체적인 이유를 들어 말하지 않으면 상대방은 나의 마음을 잘 알 수 없다는 것을 아이에게 반복해서 알려주세요. 말하지 않아도 아이의 마음을 알 수 있는 건 엄마 밖에 없답니다. 어쩌면 모든 엄마들은 초능력자 같은 능력을 가지고 있다고 할 수 있겠네요.

"지우개 좀 만져볼게."

→ "이 지우개 새로 산 거야? 처음 보는 거라 궁금하다. 한번 만져 봐도 돼?"

"선생님, 저 물 마시고 와도 돼요?"

→"선생님, 저 목이 너무 말라서요. 물 마시고 와도 돼요?"

아이가 못하고 있는 것은 방법을 몰라서 어렵다는 것이고, 어려워한다는 것은 연습이 필요하다는 것입니다. 아이의 눈높이에 맞는 설명과 즐기면서 익힐 수 있는 시간이 필요합니다. 아이가 행동이 아닌 말로 자신의 마음과 생각을 전했을 때 시선을 맞추고 귀를 기울여 아이의 말에 반응해주세요. 이런 경험이 쌓이면 아이는 스스로 변화할 겁니다.

🦋 tip 아바타 놀이

먼저 아이와 부모가 아바타, 아바타 조종자로 역할을 나눕니다. 아바타가 된 사람은 아바타 조종자의 말대로만 행동할 수 있습니다. 이때 강압적인 분위기가 아닌 즐겁고 편안한 분위기에서 아이의 눈높이에 맞는 내용으로 이끌어주세요.

역할을 바꿔가며 즐겁게 놀듯이 진행하되, 아래의 두 가지 원칙은 반드시 지켜주세요.

▶ **전체를 말하고 구체화하기**

1. "이번엔 부엌에 있는 냉장고까지 컵을 들고 걸어." (전체를 제시)
2. "이때 오른손은 허리 뒤에 놓고 왼손은 컵을 잡아줘. 떨어지지 않게 다섯 손가락으로 꽉 쥐어야 해." (구체적인 표현)

▶ **추상적인 것을 구체화하기**

"귀여운 표정을 지어줘." (기준이 모호한 추상적 표현)

→ "눈꼬리는 내리고 입꼬리를 올려서 웃는 표정을 짓고, 왼손으로 브이를 해서 왼쪽 귀 옆에 붙여줘." (구체적인 표현)

아바타 역할을 할 때는 상대방의 말에 귀를 기울이는 힘을 키울 수 있고, 아바타 조종자 역할을 할 때는 상대방에게 내 생각을 구체적이고 논리적으로 설명하는 힘을 키울 수 있습니다.

늘 함께였던 '우리',
이제 '혼자'의 경험도 필요해요

형제자매끼리만 놀고
다른 친구들이랑은 안 놀 때

7살 쌍둥이를 키우는 엄마입니다. 쌍둥이다보니 당연히 어렸을 때부터 언제 어디서나 함께 다녔는데요. 얼마 전 학원 선생님으로부터 '아이들이 둘이서만 놀려고 한다'는 이야기를 들었습니다. 아무래도 형제다보니 당연히 서로가 편하겠지만, 아이들의 이런 모습 때문에 상처받는 친구가 생기기도 하는 것 같아요. 또 가만 보면 다른 아이들하고 어울리기보다는 둘만 붙어 있으려 하는 것 같기도 하고요. 키즈카페 같은 곳에서도 서로를 가장 먼저 챙긴답니다. 형제간 우애가 좋은 건 정말 감사할 일이지만, 자꾸 둘이서만 있다 보면 다른 친구와의 교우 관계에 안 좋은 영향이 미치진 않을까 걱정돼요. 우리 아이들이 폭넓게 친구를 사귀게 하고 싶습니다.

익숙한 집, 형제나 자매를 벗어나 만나는 또래가 우리 아이들에게는 어떻게 느껴질까요? 호기심이 많거나 외향적인 아이라면 놀이 패턴이 뻔하게 예상되는 형제보다는 새로 만난 친구를 탐색하고 어울리기 시작합니다. 하지만 낯선 장소와 새로운 사람에 대해 불편함을 가지고 있는 아이라면 형제에게 의지하는 것이 당연합니다.

즉, 사연 속 고민을 해결할 수 있는 첫 번째 방법은 '당연하다'라고 인정하는 것입니다. 형제나 자매는 매일 함께하는 가족이다 보니 '끈끈함'은 너무 당연합니다. 하지만 우리 아이들의 우애가 다른 친구의 오해를 사거나, 폭넓은 교우 관계에 좋지 않은 영향을 미치면 안 되니 적절한 도움이 필요합니다.

폭넓은 관계를 위해 어떻게 도와줄 수 있을까요?

• 독립적인 시간을 보낼 기회 주기

가장 기본적인 방법입니다. 유치원이나 학원 등에서 두 아이를 분리하여 다른 시간, 다른 반에서 수업 듣도록 하라는 것만은 아닙니다. 주말 등 쉬는 날, 아니면 하루에 몇 시간만이라도 따로 따로 친구들과의 모임에 참석할 기회를 만들어주세요.

또는 아빠는 첫째, 엄마는 둘째와 데이트를 하는 식으로 시간을 보내는 것도 좋습니다. 형제가 없는 상태에서 다른 친구들과 사귀는 법도 배우고 독립적인 시간을 가지도록 도와주세요. 엄마 또는 아빠의 온전한 집중을 받을 수 있는 좋은 경험이 되기도 합니다.

• 역할극 활용하기

역할극을 통해 친구들의 오해를 살 수 있는 행동을 간접적으로 알려줍니다. 어른들도 어떤 무리 안에서 나만 모르는 이야기를 계속하거나, 한 사람이 다른 한 명하고만 계속 이야기하면 기분이 나쁘죠? 누구를 따돌리려는 못된 마음이 아니라, 그저 서로가 좋아서 그런 것뿐인데도 왠지 나만 겉도는 것 같아 기분이 상하잖아요. 아이들에게도 이런 행동은 친구의 오해를 살 수 있음을 간접적으로 경험하게 해주세요.

둘의 대화에 다른 친구를 참여시키고, 대화 내용을 친구에게 간단하게 설명하는 방법을 통해 대화를 유연하게 이끄는 연습을 해보세요. 아이가 함께 있는 사람들의 상황을 두루 살필 수 있는 능력이 있다면 좋겠죠. 아이의 행동을 나무라거나 다그치는 것은 전혀 도움이 되지 않습니다. 자기중심적 사고에서 벗어나 타인을 조망할 수 있는 시기는 학령기 이후입니다. 학령기 이전의 아이들에게 지나친 배려를 바라기보다는 역할극을 통해 이해의 폭을 넓히는 것이 교우 관계를 유연하게 만들어줍니다.

〈역할극 예시〉

1) 집에 있는 인형이나 캐릭터를 활용합니다.
"엄마는 이 인형으로 서진이 역할을 할게. 소희와 소윤이도 원하는 인형을 골라봐."

2) 상황을 제시합니다.
"우리 쌍둥이는 서진이와 함께 키즈카페에 갔어요. 그런데 우리끼리 집에서 하던 놀이를 서진이에게 설명하려니 너무 복잡하고, 잘 모르는 서진이가 답답해요."

3) 엄마와 아이들이 서로 역할을 바꾸어가며 아이들의 소통에서 무엇이 문제인지, 올바른 소통 상황을 위해서는 어떤 말을 하면 좋을지 함께 대화를 나눠보세요.

"이런 상황에서는 이렇게 해야 해." 하고 적절한 행동을 말해주는 것보다, 역할극을 하면서 아이들 스스로 상황에 몰입하면 직접 경험하는 것과 같은 마음을 느끼고 깨달을 수 있습니다.

• 선생님에게 도움 요청하기

학교 또는 학원 선생님께 도움을 요청해보세요. 두 아이를 분리해서 다른 반에 배치하는 것이 여건상 쉽지 않다면, 자리 배치를 다른 친구와 앉을 수 있도록 부탁하는 겁니다. 혹은 짝을 지어 하는 활동이 있다면 다양한 친구와 활동할 수 있게 해달라고 전합니다.

형제자매더라도 각자 성향이 다르기 때문에 외향적인 아이는 잘 적응하며 교우 관계를 주도적으로 만들어갈 것이고, 겁이 많고 변화를 두려워하는 아이는 그렇지 못할 겁니다. 그러면 엄마는 또다시 '이 방법이 맞는 걸까' 하는 고민을 하게 됩니다. 하지만 너무 걱정하지 않아도 됩니다. 한 번에 이뤄지는 것은 없습니다. 아이들에게 맞는 과정과 방법으로 다양하게 시도해도 좋습니다. 익숙한 관계를 벗어나 다른 친구와 교류를 지속하다보면, 어느새 아이들에게는 형제자매 말고도 좋은 친구들이 함께할 겁니다.

걱정 많은 엄마는 별 걱정 없이 잘 크고 있는 듯 보이는 이웃집 아이들이 눈에 들어옵니다. 그리고는 우리 아이에게 이렇게 말합니다. "다른 집 아이들은 안 그런데 너희는 왜 그러니?" 이제 이런 비교를 멈춰주세요. 어른의 시선으로 아이를 바라보기보다는, 모든 것은 습관이라고 생각하면 편합니다. 타인과 관계를 맺고 그 관계를 지속하는 경험을 하며 아이는 변화합니다. 저마다의 속도와 방향으로 말이죠.

지는 것을 받아들이는
여유 있는 마음을 키워주세요

지는 걸 정말
못 참을 때

저희 아이는 지는 걸 정말 못 참아요. 게임하다가 지기라도 하면 울고불고 난리가 납니다. 그래서 집에서는 저도 남편도 아이에게 일부러 져주는 편입니다. 그런데 친구들은 일부러 져주지 않잖아요? 친구들이랑 게임하다가 자신이 지면 울고불고 하거나 "너랑 다시는 안 놀아!"라고 하며 친구를 당황하게 만들어요. 누구나 지기 싫어하는 마음이 조금씩 있겠지만, 우리 애는 정도가 조금 심한 것 같아요. 지더라도 패배를 깔끔하게 인정하고 상대방의 승리를 축하해주는 모습도 살아가면서 필요하다고 생각해요. 아이의 강한 승부욕을 어떻게 하면 조절해줄 수 있을까요?

감정을 느끼고 표현하는 정도는 사람마다 차이가 있습니다. 친구들과 놀다가 지기라도 하면 울고불고 난리 나는 우리 아이와, 지고 나서도 밝은 모습으로 괜찮다고 말하는 옆집 아이가 비교될 때 옆집 엄마가 부럽기도 합니다.

사실 승부욕은 아이의 타고난 기질일 수 있습니다. 강한 승부욕이 부모와의 상호작용에 원인이 있는 것이 아니라, 아이의 기질 때문임을 인정하면 변화는 쉽습니다.

지기 싫어하는 마음은 누구나 조금씩 가지고 있습니다. 그리고 적당한 승부욕은 긍정적인 결과를 불러오기도 합니다. 하지만 지나친 경쟁심과 지기 싫어하는 마음은 주변 사람뿐만 아니라, 자기 자신까지도 힘들게 만듭니다. 그렇다고 가족들이 매일 아이에게 져주기만 한다면, 그리고 이 경험이 가정 내에서 축적되고 있다면 아이의 변화를 막는 벽은 점점 높아지게 됩니다.

강한 승부욕, 어떻게 조절해줄 수 있을까요?

• 일부러 져주는 것은 NO!

제일 먼저 멈추어야 할 건 '일부러 져주는 행동'입니다. 우리 아이 기죽을까 봐 계속 져준다면 아이는 패배를 받아들일 수 있는 기회마저 차단당하게 됩니다. 또한 집에선 무조건 이기기만 했던 놀이인데, 밖에서 친구들과 했을 때는 진다면 더 큰 좌절감을 느낄 수 있습니다.

상황에 따라서 이길 때도, 질 때도 있다는 것을 받아들일 수 있도록 집에서 승패를 경험할 수 있는 다양한 환경을 만들어주세요. 아이가 지는 상황을 받아들이지 못하고 떼를 쓰는 등 상황이 악화될까 봐 두려워하지 마세요. 승부에서 졌을 때 자신이 느끼는 감정을 이해하고, 그 감정을 스스로 해결하는 경험도 필요합니다.

또 승부욕이 강한 아이일수록 게임을 하는 과정에서도 "원래 이 게임은 이렇게 하는 거야.", "나 처음부터 이 게임 안하고 싶었어, 다른 거 하자." 등 자신의 상황에 유리하게 게임의 규칙을 변경하거나 중단하려는 모습을 볼 수 있는데요. 이런 모습이 함께 게임을 하는 친구들에게는 매우 불편하게 느껴질 수 있습니다. 게임을 시작하기 전에 규칙에 대해 이야기를 나누고 정해진 약속의 개념을 이해할 수 있도록 도와주세요. 그래야 아이가 상황 자체를 회피하는 것을 막을 수 있습니다.

"누가 먼저 시작할지는 가위바위보해서 정하자. 몇 번할까? 1번, 3번?"
(아이 스스로 규칙을 정하는 느낌이 들게 하기)

"반칙을 쓰면 안 되잖아. 만약에 반칙을 쓰면 어떤 벌칙을 주는 게 좋을까?"
(자신의 의견으로 반칙과 규칙을 정하게 하기)

• 속상한 아이의 마음에 공감하기

아이가 졌을 때 속상한 감정을 이해하고 공감해주세요. 졌다고 울고 있는 아이가 마음에 들지 않아서 "뭐 그런 걸로 울어!" 하고 다그치셨나요? 속상한 마음에 공감해주는 한마디로 위로 받는 건 아이도 마찬가지랍니다.

속상한 게 당연한 감정이라고 말로 표현해주세요. 또 질 수밖에 없었던 아쉬운 상황, 불편했던 마음을 아이 스스로 말로 표현하는 것도 필요합니다. 부정적인 감정에도 적절한 공감을 받는 경험이 아이의 자존감을 채워준답니다.

"이런 일로 우는 거 아니야!"
"그만하지 못해?"

→ "져서 속상하지, 엄마도 지면 속상하더라."

• 게임 과정 중 멋진 모습 칭찬하기

게임하면서 아이가 보여주었던 멋진 모습을 칭찬해주세요. 예를 들어 '블록 빨리 쌓기 놀이'를 하다가 아이가 졌다면, 그 과정에서 칭찬할 거리를 찾아보는 겁니다. "여기는 정말 쌓기 어려웠을 텐데 대단하다.", "아까 정말 집중을 잘하던걸?", "순서를 잘 지키는 모습이 정말 멋있었어." 등 다양한 칭찬을 해주세요. 이를 통해 꼭 1등을 해야만 칭찬받는 것이 아님을 자연스럽게 알게 됩니다.

결과가 아닌 과정을 칭찬하기와 더불어 중요한 건 부모도 멋진 스포츠맨십을 보여주는 겁니다. 부모가 이겼을 때 으스대거나, 아이를 무시하는 듯한 말을 하거나, 지나치게 즐거워하는 모습 대신 상대방의 노력을 인정하는 모습을 보여주세요. 또 부모가 졌을 때는 "내가 일부러 져준 거야~"처럼 장난이라도 아이의 승리를 부정하는 말을 사용하면 안 됩니다. 깔끔하게 패배를 인정하고 상대에게 박수를 쳐주는 모습, 그리고 "다음에는 더 열심히 해야지!"라며 결의를 다지는 모습을 보여주세요.

또 다른 방법으로는 함께 운동 경기를 관람하는 것도 좋습니다. 페어플레이를 하고, 승패에 상관없이 결과를 받아들이며, 패배 후에도 멋진 모습을 보여주는 선수들을 칭찬하는 경험을 해봅시다. 더하여 게임이나 경기에서 정말 이기고 싶은 나의 승부욕이 다른 사람들에게는 어떤 영향을 줄 수 있는지 함께 이야기해보는 방법도 있습니다. 나의 감정 표출이 상대에게 적절하게 표현되어야 하는 이유도 함께 말이죠.

서툴지만 자신의 감정을 조절하며 참고 있는 아이의 모습이 보이시나요? 작은 노력이더라도 크게 칭찬하는 것, 잊지 마세요!

욕 대신 사용할 수 있는
건강한 표현 방식을 알려주세요

예쁜 입으로
욕을 할 때

초등학교 3학년 아들을 둔 엄마입니다. 얼마 전, 아이가 휴대전화로 게임하다가 "에잇, XX"라고 욕하는 걸 듣고 살짝 충격을 받았어요. 2학년 때까지만 해도 전혀 욕을 하지 않았거든요. 물론 아이가 학교에서는 어떻게 생활하는지 전부 알 수는 없지만 적어도 집에서는 전혀 욕을 사용한 적이 없었어요. 깜짝 놀라서 "어디서 그런 말을 배웠니? 욕 하지 마!" 하고 한마디 했어요. 그러자 아이는 자기만 그런 게 아니라 친구들도 모두 한다고 그러더군요. 그 뒤로는 제 앞에서 조심하는 것 같은데 몰래 하는 게 눈에 보입니다. 더 걱정되는 건 아무것도 모르는 둘째가 형이 욕하는 걸 따라하더라고요. 남편도 저도 욕을 전혀 하지 않는데 어디서 배워오는 건지 정말 속상합니다.

'욕'이라는 것은 무엇일까요? 상스러운 말일까요? 아니면 아이들끼리 소통하는 또래 언어, 은어 정도로 생각해야 할까요? 이 생각의 기준은 어른들마다 차이가 있습니다.

"남자 아이들끼리 어울릴 때는 그 정도의 표현은 당연하게 쓰지."라고 말하는 옆집 아버지. "그 아이가 먼저 욕을 하고 나쁜 표현들을 하니 우리 애가 다 배운 거지."라고 생각하는 윗집 어머니 사이에는 분명한 생각 차이가 있습니다.

하지만 결국 부모의 목표는 아이의 욕과 은어의 사용을 줄이거나, 주변의 영향을 받지 않도록 아이를 지키는 것일 겁니다. 그렇다면 아이가 욕하는 것 자체를 나무라기보다는, 욕하는 것을 어떻게 생각하고 있는지를 아는 것이 먼저입니다.

물론 호기심에, 남들이 다 써서, 그냥 한번, 너무 화가 나서 등등 다양한 이유로 욕을 할 수는 있습니다. 하지만 말은 습관화되기 참 쉽습니다. 학창시절 쓰던 욕을 제때 바꾸지 못하면 어른이 되어서도 말끝마다 욕이 붙을 수 있죠. 우리 아이의 입에 욕이 척 달라붙기 전에 얼른 떼 내는 솔루션을 알려드리겠습니다. 이번 솔루션은 두 가지 경우로 나뉘는데요. 바로 호기심에 어쩌다 한번 욕을 해본 경우와 고의적으로 욕을 한 경우입니다.

아이가 욕을 할 때, 어떻게 대처해야 할까요?

• 호기심에 해본 거라면 과민 반응하지 않기

어린아이일수록 해당되는 대응인데요. 호기심에, 또는 장난치려고 욕을 툭 내뱉은 거라면 너무 과민하게 반응하지 않는 것이 좋습니다. 아이의 욕을 처음 들으셨다면 깜짝 놀라서 "너 누가 그런 말 하래?", "뭐라 그랬어? 다시 말해봐!" 등 크게 혼낼 수 있습니다. 그러나 이런 과민 반응은 아이를 더 자극할 뿐입니다. 동요하지 말고 욕을 올바른 말로 정정해주며 자연스럽게 넘어가는 것이 좋습니다.

"너 지금 뭐라고 했어? 한번만 더 그런 말 해봐! 혼날 줄 알아!"

→ "그 단어는 좋은 말이 아닌데, 이렇게 말해볼까?"

• 습관적, 고의적으로 욕을 하는 경우라면

1. 상황 파악하기

아이가 '언제', '어디서', '얼마나', '왜' 욕을 하는지 아는 것은 생각보다 중요합니다. 욕하는 걸 들으면 일단 '욕은 나쁘기 때문에 고쳐야 한다'에만 초점을 맞추어 이유는 묻지도 따지지도 않고 화내며 고치려 들기 십상인데요. 그러면 아이는 '엄마는 내 마음도 모르면서' 하고 반감을 가질 수 있습니다.

아이의 마음에 공감하고 소통을 이어가기 위해 왜 욕을 했는지 물어보세요. 이때 취조하는 말투가 아닌 일상적인 대화를 하듯 자연스러운 말투를 사용하는 것이 좋습니다.

> "엄마가 우연히 친구 엄마에게 들었어. 네가 욕을 해서 준혁이가 매우 속상해했다고 말이야. 무슨 일 있었어? 어떤 상황이었니?"

> "아빠는 어릴 때 욕을 일부러 한 적도 있단다. 센 척 하고 싶었어. 그런데 욕을 한다고 센 사람이 되지는 않더라. 너는 어떨 때 욕을 하니?"

2. 아이의 감정에 공감하기

아이는 '화가 나서', '억울해서', '속상해서' 혹은 '친구들도 해서' 등 다양한 이유로 욕을 했을 겁니다. 이때 "그래도 욕을 하면 안 되지!"라고 말하고 싶은 마음을 잠시만 멈춰주세요. 먼저 "정말 억울했겠다.", "정말 속상했겠어."라고 말하며 아이의 감정을 충분히 이해하고 공감하고 있음을 보여주세요.

조심해야 할 부분은 욕을 하게 된 상황에서 아이가 느낀 감정에 공감해주는 것이지, "욕할만한 상황이었어."라고 하는 건 절대 아닙니다.

3. 욕이 명쾌한 해답이 아니라는 것을 알려주기

이제 '욕을 할 때는 어땠는지', '하고 나서는 어땠는지' 아이와 이야기를 나눠봅시다. 욕할 때는 잠시 쾌감이 들었을지 몰라도, 욕하고 난 아이의 마음은 분명 편치 않았을 거예요. 욕했다고 상황이 나아지지 않을뿐더러, 어른에게 혼나거나 오해를 사는 또 다른 안 좋은 상황이 펼쳐졌을 겁니다. 이런 대화를 통해 욕이 명쾌한 해답이 아니라는 걸 아이 스스로 깨닫도록 도와줍니다.

4. 욕 대신 감정을 강하게 표현할 수 있는 방법 알려주기

비속어를 써야만 감정을 강하게 표현할 수 있는 것은 아닙니다. 크게 소리를 지르면서 "정말 화나!"라고 말하는 것도 좋아요. 같은 말이라도 어떤 표정과 말투로 말하는지에 따라 감정을 강하게 담을 수 있어요. 언어는 순화하고 비언어는 강조할 때 표현력은 훨씬 강해집니다. 또 이런 표현은 욕보다 감정을 정확하게 전달할 수 있으므로, 아이가 알아두면 정말 좋은 감정 표현 방식입니다.

아이 : 에이, XX 이거 왜 안 되는 거야?

엄마 : 지민아, 무슨 일 있니? (이유 묻기)

아이 : 아니, 레고를 조립해야 하는데 자꾸 안 되잖아요.

엄마 : 그래, 지민이가 여러 차례 해봤는데도 안 돼서 짜증이 났구나. (감정 공감)

아이 : 네! 정말 짜증나요.

엄마 : 맞아, 하려던 게 잘 안되면 화도 나고 짜증도 나지. 그런데 지민아 네가 방금 욕 한 건 알고 있니?

아이 : 네….

엄마 : 화가 나서 욕을 하긴 했는데, 욕할 때 기분은 어땠어?

아이 : 그냥 욕한 거라 아무 기분도 안 들었어요.

엄마 : 그랬구나. 그럼 욕을 하고 난 후에는?

아이 : 그때도 별로 달라진 건 없었어요.

엄마 : 그렇지? 욕을 했다고 해서 레고가 조립되지도 않았고, 기분이 나아지지도 않았네. 그럼 욕은 꼭 필요한 걸까? (욕은 명쾌한 해답이 아님을 알려주기)

아이 : 아니요, 아닌 것 같아요. 그런데 정말 화가 났단 말이에요!

엄마 : 그렇지? 하지만 화난 감정을 표현할 수 있는 방법은 욕 말고도 많단다. "정말 화가나!" 하고 목소리에 힘을 주어 말하면 지민이의 마음을 더 잘 전달할 수 있단다. 당장 모든 욕을 고치긴 어렵겠지만, 욕은 전혀 도움이 되지 않으니 다른 표현을 찾아보자. (욕 대신 사용할 수 있는 다른 표현 방법 알려주기)

아이는 경험하며 배우고 성숙해집니다. 어른들이 생각하는 올바른 방향과 방법이 아이들에게는 어른들의 또 다른 억지로 보일 수 있습니다. 아이가 지금 보이는 모습이 변화를 만들어가기 위해 필요한 경험이라 생각해주세요. "대체 왜 이럴까?"가 아닌 "어떻게 하면 바뀔 수 있을까?"를 함께 찾아가다보면 올바른 방향과 방법을 제안하는 부모가 될 수 있습니다.

Q. 또래보다 큰 아이, 또래보다 작은 아이

아동의 성장과 발달은 순서가 있고, 누적됩니다. 계속 진행되는 과정이기는 하나 그 속도는 일정하지 않습니다. 특히 신체 발달의 속도는 개인차가 분명히 있습니다. 신체 크기, 비율, 외형, 신체 건강의 변화 등은 정말이지 부모 마음대로 되지 않습니다. 그렇기에 '또래보다 크면 좋고, 작으면 걱정이다'라는 생각을 리프레이밍하는 것부터 시작해야 합니다.

성장곡선은 시간에 따라 정비례 그래프를 그리는 것이 아닙니다. 따라서 아이가 자신의 신체 성장에 대해 부정적으로 인식하게 만들면 안 됩니다. 어른들이 자주 하는 실수가 있죠. '키가 큰 편이다, 작은 편이다', '덩치가 크다, 작다' 등의 신체의 외형과 관련된 표현은 소통의 필수적인 소재가 아닙니다. '키가 큰 편이라 어른 같다', '작지만 나중에 클 거니까 걱정 마라', '덩치가 있어도 나중엔 다 키로 간다' 등의 위로하는듯한 표현도 흔들어 놓은 아이의 마음을 다독일 수는 없습니다.

나의 체형을 스스로 자랑스러워 할 수 있도록 표현해주세요.

"나는 키가 작아서 내가 좋아하는 옷을 오래 입을 수 있어."
"나는 키가 커서 높이 있는 물건을 쉽게 잡을 수 있어."

유전적 잠재력을 최대한 발휘할 수 있도록, 최적의 후천적 환경 조건을 만들어 주는 것이 부모의 역할입니다. 평균과 다르게 성장하는 아이를 자극하거나 나무라는 것은 결코 좋은 방법이 아닙니다.

Q. 폭력적인 영상에 노출된 아이들이 걱정인가요?

최근 교육부와 한국직업능력개발원이 전국 1,200개 초·중·고교생과 학부모, 교원들을 대상으로 조사한 '초·중등 진로교육 현황조사' 결과가 발표되었는데요. 희망직업 순위 1위는 운동선수, 2위는 교사, 3위에 크리에이터가 올랐다고 합니다. 그만큼 유튜브 등 영상 콘텐츠가 아이들에게 미치는 영향력이 지대하다는 것을 알 수 있습니다.

이제 아이들은 영상을 보는 것을 넘어 직접 영상을 만들고 공유하는 역할을 하고 있습니다. 즉, 1인 매체를 통해 폭력적이고 선정적인 영상들에 영향을 받은 아이들이 이를 바탕으로 또 다른 콘텐츠를 재생산하는 시대입니다.

이때 어른들은 아이가 일반적 가치 판단을 흐리게 하는 영상에 무방비 상태로 노출되어 있다는 것을 명심해야 합니다. 비교육적인 영상을 보는 것을 단순히 피하기보다는, 이를 올바르게 분별하고 이해할 수 있는 영상 이해 교육이 필요합니다. 그 어느 때보다도 이런 가족 간의 대화가 절실히 필요한 것입니다. 무슨 뜻인지도 모르는 비속어 등의 표현들을 여과 없이 또래와 주고받으며 상호 소통하는 아이들의 일상을 우리는 다 알지 못합니다. 그렇기 때문에 일과 속에서 경험한 것들을 부모나 형제, 선생님 등 제 3자와 이야기하며 올바르게 받아들이는 방법을 알려주어야 합니다.

[에필로그]

Thanks To 황윤선

이 책이 세상에 나오기까지 가장 많은 노력을 더한 숨은 주인공이 있습니다.
마루지의 천군만마, 목동센터 황윤선 팀장님입니다.

사실 이 책은 그대 덕분에 시작할 수 있었습니다.
2년 전, Youtube 채널 마루지 TV 〈자존감을 높이는 어린이 스피치〉 코너를
함께 기획하고 원고를 작성하며 "내용이 좋아서 원고 그대로 책이 되어도 좋
겠다."는 이야기가 이 책의 시작이었습니다.

마지막까지 가장 큰 힘이 되어준 그대에게
에필로그로 대신하여 마음을 전합니다.

정리되지 않은 수많은 경험담을 '빛나는 솔루션'으로 이끌어준 정리의 달인,
황윤선 팀장님 고마워요!

아이와의 소통이 막막한 엄마들을 위한 눈높이 공감 대화법

오늘도 아이와 싸웠습니다

초 판 발 행 일	2020년 02월 10일
발 행 인	박영일
책 임 편 집	이해욱
저 자	이지은, 서윤다
편 집 진 행	박소정
표 지 디 자 인	손가인
편 집 디 자 인	신해니
발 행 처	시대인
공 급 처	(주)시대고시기획
출 판 등 록	제 10-1521호
주 소	서울시 마포구 큰우물로 75 [도화동 538 성지 B/D] 9F
전 화	1600-3600
팩 스	02-701-8823
홈 페 이 지	www.sidaegosi.com
I S B N	979-11-254-6731-1[13590]
정 가	14,000원

시대인은 종합교육그룹 (주)시대고시기획 · 시대교육의 단행본 브랜드입니다.